天下文化

BELIEVE IN READING

| 科學天地 | BWS157

宇宙必修課

給大忙人的天文物理學入門攻略

ASTROPHYSICS FOR PEOPLE IN A HURRY

Neil deGrasse Tyson 泰森 著

蘇漢宗 譯　孫維新 導讀

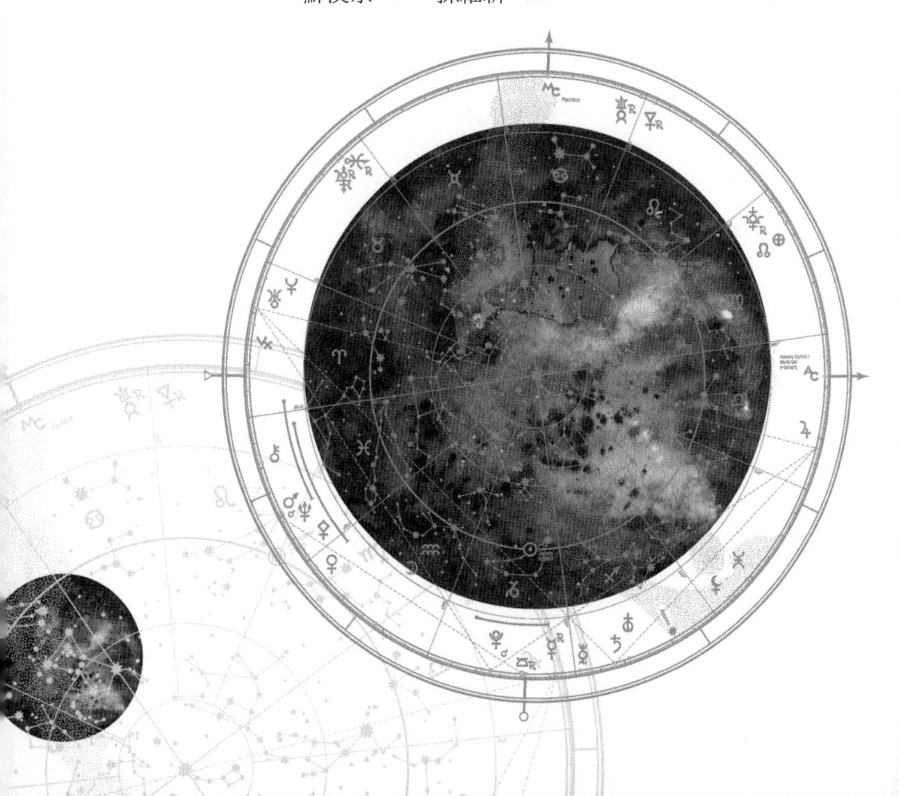

獻給沒時間讀大部頭書，但仍想了解宇宙的人

宇宙必修課

給大忙人的天文物理學入門攻略

目錄

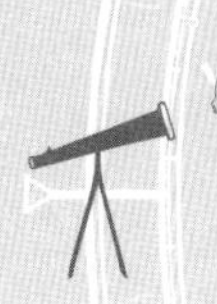

ASTROPHYSICS
FOR PEOPLE IN A HURRY

導讀

——星空下的無私分享

孫維新

1989年秋，我回到台灣，開始了天文領域的教研生涯，一晃就二十八年了。這超過四分之一世紀的心路歷程，我覺得，其實不是「教書」，而是「分享」，和學生分享老師眼中的宇宙，和老師心中的宇宙觀。

學習天文是讓人愉快的，接觸觀測則是令人感動的，這裡所說的「觀測」，不只是仰望繁星點點的夜空，還包含了因為出門觀星而親身碰觸的大自然：墾丁的綠閃光、大峽谷的七彩落日、青藏高原的壯麗山水，和大興安嶺的無垠雪原，是天文觀測的額外獎賞，也讓人可以從更為多元的角度，去認識我們頭上的這方宇宙，和腳下的這個地球。

接觸天文，會讓人變得慷慨，也會讓人變得驕傲，慷慨於分享自己在星空下曾有過的感動，也驕傲於自己曾經目睹宇宙作出的美妙演示。所以從過去到現在，在廣大民眾心中留下深刻印象的科普著作，多半談的都是宇宙星空，因為這個領域給人們最廣大的遐想空間，也最能引起人們心底的共鳴。

1980年，美國天文學家卡爾・薩根（Carl Sagan）出版了「宇宙」（Cosmos）影集和同名書，以深厚的人文情懷，包裹著豐富的天文知識，風靡了全球，到今天快四十年了，仍然後繼無人。現在天下文化出版了《宇宙必修課》，由尼爾・泰森（Neil Tyson）所著，泰森到哪兒都不吝於說自己是薩根的學生，顯然希望能步武前賢，讓人覺得他是薩根天文科普的嫡傳弟子，但這本書的結構內容，多天文而少人文，和一代宗師薩根的著作相比，還是有距離的，就因為他太想超越前人，所以開創新猷，想給一般讀者開講「天文物理」。

給想一窺天文物理堂奧的你

這本書的英文原名是「寫給忙碌的人們看的天文物理」，希望給人一種簡單易讀、碎片學習的印象，但其實這本書忙碌的人還真讀不了，因為書中強調的是「天文物理」，這是由天文現象的觀察分析，導出隱藏在現象背後物理原理的過程，嚴格說起來，這個學問是在十九世紀中期光譜儀發明之後，所發展出來的重要領域，比歷經千年、傳統單純的「天文學」檔次來得高太多了，但相對也就不再那麼直觀易懂。

泰森努力用輕鬆的語氣、有趣的比方，來輕量化這本書，但對一般讀者而言，許多天文物理的名詞術語還是高來高去，雲山霧罩。然而對真正想踏入天文物理一窺堂奧的讀者而言，這倒是一本入門好書，因為泰森提到了暗物質、暗能量、星系際物質、多波段觀測，和系外行星，這些新知的確是天文物理在世紀交會間的最新進展！

泰森在書中有幾處的描述讓人驚豔，像是他將全體人類分享地球的概念，使用水和空氣來表現，水和空氣的分子是如此之小，數量又是如此之多，在地球上長年周而復始地循環，是人類反覆經歷、日用而不知的重要成分，書中的比喻讓我們明白，我們每個人所喝的水，可能也曾經過蘇格拉底、張衡、傑佛遜、德雷莎修女的腸胃，我們所呼吸的空氣，可能也曾經過亞歷山大大帝、秦始皇、拿破崙、曼德拉總統的肺臟，這比起國際太空站上的固定笑話：「今天的咖啡，就是明天的咖啡」，以說明飲用水和尿液的循環，來得要有深度多了！

泰森指出了另外一個事實，以目前宇宙加速膨脹的趨勢來看，遙遠星系的退移速度愈來愈快，終究會陸續逸出我們的視野之外，兆年之後，等到最後一個鄰居星系離開我們的視線範圍，再出生的年輕一代就不會知道我們曾經有過許多「星系鄰居」，會以為整個宇宙就只有我們一個銀河系！這時泰森的反思是什麼？如果未來會發生這種事，那過去是否已經發生過類似的事情，讓我們的宇宙視野完全改觀，而我們根本不知道？還以為宇宙古往今來就這副模樣，從來沒有改變過？這是一個「困擾思緒」（Mind Boggling）的大問題，但卻是一個在科學上無解的哲學問題。

讀天文物理，胸懷千萬里

泰森花了許多篇幅，說明元素週期表的意義和命名緣由，富含歷史和知識的趣味，但他也指出了重元素對人類世的重要性，沒有氫、氦、鋰之外的重元素，是不可能創造出我們今日再熟悉不過的物質世界來的，但這些重元素都是來自恆星的核心，無論是緩慢的（相對來說）核融合，或是急速的超新星爆炸，都是孕育重元素的胚胎環境。所以當年台灣的天文前輩沈君山校長，就曾經說過一句極為感人的名言：「我們每個人，過去都曾經是某一顆恆星的一部分。」聞者動容。但同樣的話，換個方式來說，卻可以十分搞笑，2009年「全球天文年」巴黎揭幕式上，英國資深天文物理學家馬丁・瑞斯（Martin Rees）受邀上臺做開幕演講，劈頭就說：「我們每個人都是核廢料！」（We are all nuclear waste!）臺下一堆核廢料笑翻天。

薩根的女兒小時候曾經問過他，有關已經不在世上的祖父母的事，問薩根是否希望和他們見面，談到了前世今生、靈魂輪迴的存在問題，薩根對他的父母極端思念，思考良久，仍站在科學工作者的立場，對女兒說了一句話，他女兒記錄了下來：「他溫和地告訴我：『你會想去相信那些你希望成真的事情，而這是很危險的。』」（Then he told me, very tenderly, that it can be dangerous to believe things just because you want them to be true.）看了令人感動。無論生死真相為何，科學態度是認識宇宙道理的關鍵。

認識宇宙，就是一個學習謙卑的過程，我常提醒我自己，也告訴我的學生，我們今天在許多方面，仍然活在「前哥白尼時代」(Pre-Copernican Era)，而我們常常忽略了我們的所知如此有限。不過話說回來，仰望廣漠星空，我不會覺得人類渺小，心中只存著感恩，因為有那麼多有趣的事物，等著我們去認識、去學習、去分享！

希望您也能從這本書中，讀到許多泰森想表達的科學以外的東西！

序言

——為什麼宇宙是必修課

泰森

近幾年來在美國，幾乎每隔幾天就會在媒體頭版看到關於宇宙新發現的報導。這或許是因為媒體人對宇宙特別熱愛，不過更可能是因為一般大眾對科學的興趣真的大為增加。那些與科學相關的熱門電視節目，以及由大明星領銜主演，由著名製片人和導演搬上螢幕的賣座科幻電影，都是可以佐證的實例。近來，重要科學家的傳記電影也自成一種電影類型。科學祭、科幻小說觀摩會和電視科學紀錄片也吸引了世界各地民眾的觀看與參與。

電影史上最賣座的電影是由著名導演執導的，故事發生於一顆繞行遙遠恆星的行星上，電影的主角則是由知名女演員扮演的太空生物學家。在我們這個年代，大部分科學的地位都大有提升，而凌駕在各個學科之上的就是天文物理學。我想我知道緣由。在我們一生的某些時候，每個人都會仰望夜空，動念思索：宇宙星辰有什麼意義？如何運作？我在宇宙中又占了什麼地位？

如果你實在太忙，沒空經由課程、教科書或紀錄片來了解宇宙，但仍然想找到精簡且有深度的宇宙簡介，那麼這本書正是為你寫的。讀完這本小書，你會略通現代用以了解宇宙的主要觀念和發現。如果這本書完成原先設定的目標，那你對我所屬的天文物理學科就會相當熟悉，或許你就會渴望更深入了解宇宙。

宇宙沒義務要讓你覺得有道理。

—— 泰森

Ursa Minor
Corona Borealis
Serpens Caput
Lunx
Camelopardalis
Hydra
Vela
Cepheus
Perseus
Ophiuchus
Libra
Lupus
Norma
Crux
Carina
Puppis
Hercules
Circinus
Centaurus
Lyra
Serpens Cauda
Sagittarius
Musca
Triangulum Australe
Cassiopeia
Taurus
Scorpius
Chaemeleon
Cygnus
Aquila
Ara
Octans
Lepus
Scutum
Telescopium
Apus
Dorado
Lacerta
Delphinus
Equuleus
Capricornus
Indus
Columba
Corona Australis
Hydrus
Volans
Orion
Aquarius
Aries
Tucana
Pavo
Pisces Australia
Pictor
Reticulum
Pegasus
Pisces
Sculptor
Cetus
Serpens Cauda
Phoenix
Norma
Ursa Major
Grus
Leo Minor
Telescopium
Leo
Auriga
Crux
Ursa Major
Canes Venatici
Coma Berenices
Leo Minor
Crater
Cancer
Lunx
Draco
Bootes
Serpens Caput
Virgo
Corvus
Canis Minor
Lunx

1.
有史以來最精采的故事

這個世界從開始運轉以來，

經歷了許多年，

而各種事件也隨之發生。

——盧克萊修（Lucretius）；50 BC

將近140億年前，在宇宙誕生之時，宇宙的所有空間、所有物質和所有能量，都擠在不到英文句點1兆分之1的體積裡。

當時的宇宙非常熾熱，用來描述宇宙的各種基本作用力也仍然合而為一。雖然我們至今尚不明白宇宙的起源，但是這個比針尖還小的宇宙，從此就以我們現在稱為大霹靂的方式，一再進行極端且快速的膨脹。

愛因斯坦在1916年發表的廣義相對論，給了我們重力的現代詮釋：物質和能量會造成周圍時間與空間結構的扭曲。而在1920年代發現的量子力學，讓我們得以了解分子、原子和次原子粒子的微小世界。然而，這兩種用來理解大自然的理論彼此並不相容，科學家爭相想把它們融合成具有一致性的量子重力學理論。

目前為止，我們雖然還沒達成目標，但倒是很清楚困難所在：其中之一是在初期宇宙，從$t = 0$

到 $t = 10^{-43}$ 秒（1千萬兆兆兆分之1秒）的「普朗克時期」，當時宇宙還小於 10^{-35} 公尺（1千億兆兆分之1公尺）。這個極端微小的尺度，是以德國物理學家普朗克（Max Planck）之名來命名；普朗克在1900年引進能量量子化觀念，因此有量子力學之父的美名。

重力理論與量子力學的衝突，對現在的宇宙完全沒造成問題；天文物理學家能應用廣義相對論和量子力學的原理和工具，求解不同尺度的各種問題。然而在宇宙初期的普朗克時期，大尺度其實極小，我們懷疑上面這兩種理論，應該曾短暫被迫結合。遺憾的是，它們在結婚儀式所交換的誓言，至今仍未為我們所知，此外現知的任何物理定律，都無法正確描述宇宙在當時的行為。

不論如何，在普朗克時期結束的時候，我們預期重力會首先宣告回復單身，離開其他仍然互相結合的自然力，而宇宙也變得可以用現今的理論加以描述。當宇宙的年齡超過10^{-35}秒並繼續膨脹，能量也持續稀釋時，其他仍結合在一起的力，就分裂成了電弱力和強核力。再過一小段時間，電弱力進一步分解成電磁力和弱核力，完備了我們現在所知和鍾愛的4種基本作用力。其中，弱核力控制核衰變，強核力膠合原子核，電磁力讓分子得以形成，而重力則聚合大質量物體。

* **

此時，宇宙才剛誕生1兆分之1秒。

*

在此同時，以次原子粒子形式存在的物質，和以光子（同時具有波和粒子特性，且無靜態質量的光波包）形式存在的能量，不停的進行交互作用。這時的宇宙仍然熾熱到讓光子可以把能量轉換成「物質—反物質粒子對」，然後立刻相互湮滅，把能量再還給光子。沒錯，反物質是真的，而且是科學家發現的，而非科幻小說作者。

上述這些能量和物質的轉換，完全遵循愛因斯坦最著名的方程式$E = mc^2$；這個方程式告訴我們，你的物質可以化為多少能量，也指出你的能量可以化成多少物質，所以它是雙向皆通的公式。光速的平方（c^2）是很龐大的數字，乘上質量之後，我們就知道物質可以轉換成多少能量。

在強核力和電弱力分手之前、分手之中和剛分手之後，宇宙是由各式各樣的夸克、輕子、它們的反物質粒子，以及讓它們能交互作用的玻色子聚成的濃湯。

據我們所知，這些粒子全都無法再進一步分解，不過每一種都擁有數個不同的風味。常見的光子是玻色子家族的一員。最廣為非物理學家所知的輕子是電子，而微中子或許也相當知名。大家最熟悉的夸克是……說真的，大家對夸克都不熟。

在6種夸克之中，每一種的名稱都相當抽象，而且在語言學、哲學和教學上都沒有實質用處。唯一的好處是可以把它們分成上、下、魅、奇、底及頂等6種夸克。

順便一提，玻色子是以印度科學家玻色（Satyendra Nath Bose）之名來命名的。輕子的英文lepton則是來自希臘文leptos，意思是輕或小之物。相較之下，夸克這名字的來源就較富文學意象和想像力。

物理學家蓋爾曼（Murray Gell-Mann）在1964年倡議，中子和質子是由更小的夸克組成的，當時認為夸克家族只有3個成員，引用了詹姆斯．喬伊斯的小說《芬尼根守靈夜》裡相當隱晦的詞句：「向麥克老大三呼夸克！」中的夸克來命名。這些夸克唯一值得說的優點是：它們的名字都很簡單——而化學家、生物學家，尤其是地質學家在為他們領域的事物命名時，好像一直做不到這點。

夸克是一群很怪異的傢伙，它們和質子（帶一單位正電荷）及電子（帶一單位負電荷）的最大之不同是：夸克帶的是1/3整數倍的電荷。此外，我們也找不到孤伶伶的夸克，它們永遠和其他的夸克綁在一起。事實上，膠合它們的力，強度會隨著夸克的間距增加而增加，就好像它們是用某種次核子橡皮筋綁在一起。如果你把夸克分隔得夠遠，這種次核子橡皮筋會斷裂，原本儲存的能量會根據$E = mc^2$，於橡皮筋的二端再產生新的夸克，讓你分隔夸克的大業又回到原點。

在夸克－輕子時期，宇宙還很緻密，所以自由夸克之間的平均距離，和受束縛夸克之間的距離相當，相鄰的夸克之間並沒有強力的聯盟；所以雖然它們整體有共同的束縛，但個別的夸克可以自由移動。這種可稱為夸克釜的物質態，是由紐約長島布魯克赫文國家實驗室的一組物理學家，在2002年首先發現的。

有強烈的理論證據指出，極初期宇宙的某種事件（或許是在其中一個自然力分離時），讓宇宙擁有令人驚嘆的不對稱性，導至一般物質粒子和反物質粒子的比例為10億零1比10億。這個數量上微不足道的極小差異，在夸克和反夸克、電子和反電子（更常見的名稱為正子），以及微中子和反微中子不斷產生、湮滅和再產生的過程中，基本上難以察覺。這顆多出來的粒子有大把機會找到對手，然後進行湮滅，與其他粒子的行為幾乎沒有差別。

不過，這種情況並不會持續太久。宇宙會繼續膨脹和降溫，等到尺寸成長到和我們的太陽系相當時，溫度會急速降到1兆度以下。

* * *

自宇宙剛誕生算起，已經過了1百萬分之1秒。

*

這個不冷不熱的宇宙，溫度或密度都不夠高，已經不能解放夸克了。所以夸克全都抓住身邊的伙伴，組成名為強子的大質量永久粒子家族。這種夸克—強子躍遷，很快形成了質子、中子和其他我們較不熟悉，但仍是由各種夸克組合成的大質量粒子。位在地球上瑞士的歐洲粒子物理中心，目前正在使用大型加速器進行重子束對撞實驗，試圖複製上述的這些狀態。這部世界上最大的機器，就叫做「大強子對撞機」。

夸克—輕子濃湯具有的些微「物質—反物質不對稱」性質，此時就傳給了強子，並造成了非比尋常的後果。

宇宙持續降溫，能用來自發產生基本粒子的能量也隨之降低。在強子主控時期，周遭環境裡的光子不僅無法再根據 $E = mc^2$ 來製造夸克—反夸克對，連由物質—反物質湮滅而產生的光子，也因宇宙不停膨脹導致能量耗損，使宇宙的溫度低於製造強子—反強子對所需的臨界溫度。

每經歷10億個湮滅事件，就會產生10億個光子和1個強子。而這些殘遺下來的少數份子會笑到最後，成為最後創造出星系、恆星、行星和矮牽牛花等物質的源頭。

如果沒有這個10億加1比10億的物質與反物質差異，宇宙最後會自我湮滅，除了光子之外，不會留下其他任何物質——形成了最初與終極的「光明」景象。

*   * *

至此，宇宙誕生後已經過了1秒。

*

現在宇宙的尺寸已成長到數光年[✢]，相當於太陽與最鄰近恆星的距離。此刻宇宙的溫度是10億度，還是相當熱，仍然能釋出電子和它的反粒子（正子），讓它們不停上演出現與消失的戲碼。但是在持續膨脹且持續降溫的宇宙裡，電子與正子能鬧騰的好日子也在倒數了。

出現在夸克與強子的不對稱性，也出現在電子身上，最後每10億零1顆電子之中，只有1顆電子

✢ 光年是光在一個地球年所前進的距離，接近10兆公里。

會倖存下來；其他的都和它們的反物質（正子）發生湮滅，徒留一大片光子海。

大約就在此時，每凍結出來一顆質子，也會凍結出來一顆電子。宇宙持續降溫到1億度以下，質子與中子就結合成原子核，使得宇宙中將近有90%是氫原子核，10%是氦以及微量的氘（重氫）、氚（更重的氫）與鋰原子核。

✷ ✷✷

宇宙誕生之後，已過了2分鐘。

✷

不過在接下來的380,000年裡，我們的粒子濃湯幾乎一成不變。在這段期間，宇宙的溫度仍然高到讓電子可以在光子之間自由移動，被光子推來搡去，並彼此發生交互作用。

但是這個自由時期，在宇宙溫度掉到3,000 K（大約是太陽表面溫度的一半）以下，而所有自由電子也都和原子核結合之後，就突然結束了。自由電子和原子核的結合留下了無所不在的可見光，不僅在天空留下那瞬間的物質分布烙印，也宣告宇宙初期的粒子和原子形成工作已經完成了。

* **

在開頭的十億年之中，宇宙持續膨脹和降溫，物質也受重力吸引，聚成稱為星系的大質量天體。此時形成的星系總數將近1千億，每一個星系都有數千億顆恆星，而且恆星的核心正在進行核融合。而質量超過10倍太陽的恆星，核心的壓力和溫度，更高到可以鍛造出數十種比氫更重的元素，其中包括了組成行星，以及生活在這些行星上生命所需的所有元素。

這些元素如果停留在形成之處就全然無用，但大質量的恆星偶爾會發生爆炸，把化學元素含量豐富的核心散播到星系各處。如此經過了90億年不停的增加元素量之後，在一個平凡的宇宙角落（室女座超星系團的邊緣），一個平凡星系（銀河系）內的平凡區域（獵戶臂）上，一顆毫不起眼，名為太陽的恆星誕生了。

形成太陽的這團氣體雲擁有大量的重元素，聚合後還產生了各式各樣繞太陽運行的天體，包括數顆岩質和氣態行星、數十萬顆小行星，以及數十億顆彗星。在開頭的數億年期間，位在雜亂軌道上的殘渣會受到較大型天體吸積✢，產生高速與高能量的撞擊事件，造成岩質行星的表面熔化，也讓複雜分子無法形成。

隨太陽系裡可吸積的物質變得愈來愈少，行星的表面開始降溫。我們稱為地球的這顆行星，也在太陽周圍一個冷熱適中的區域裡形成了，這使得地球上的海洋擁有大量的液態水。假使地球離太陽再近一些，海洋就會蒸發殆盡；如果地球離太陽再遠一些，海洋就會凍結。在這兩種情形下，我們所知

✢ 譯注：吸積是指天體以重力「吸引」和「積累」周圍物質的過程。

的生命就無法滋長和演化。

有機分子在化學元素極為豐富的海洋裡，以我們目前仍未知的機制，轉變成了能自我複制的生命。在這鍋生命之湯裡，構造簡單的厭氧菌最具優勢，這種生物能在無氧環境下蓬勃發展，並排放高化學活性副產物——氧。

這些原始的單細胞厭氧菌，不自覺的把地球上的大氣，從原本二氧化碳含量豐富，轉變成氧含量豐富，於是好氧生物得以出現，並進而主宰了海洋和陸地。

這些有助於好氧生物生存的氧原子，通常成雙組成氧分子（O_2），但在地球的高層大氣也可以聚合三個，形成臭氧（O_3），替地球表面擋掉大部分破壞力強大的太陽紫外光子。

地球上（以及可能在宇宙他處）會有極多樣的生命，都要歸功於宇宙中含量豐富的碳，以及無以數計或簡單或複雜的含碳分子。這一點是毫無疑義的，因為碳基分子的種類及數量，多於其他各種分子的總和。

但生命是脆弱無比的。在過去，地球偶爾會遭遇到突然冒出來的大型彗星和小行星的碰撞，使生態系受到無以倫比的破壞。例如就在6千5百萬年前（地球年齡比現在再往前減2%時），一顆10兆噸的小行星撞在現今中美洲的猶加敦半島，造成75%的植物和動物滅種，其中也包括著名的恐龍。

因為這場生態浩劫，我們哺乳類的祖先從此不再淪為暴龍的開胃小點，得以興起並占住剛空出來的棲域。哺乳類中具有大型腦容量，稱為靈長類的一支，後來演化成為智人，擁有足夠的智慧來發明科學方法和科學工具，甚至還破解了宇宙起源和演化之謎。

*

然而，在所有的這一切之前，還發生過什麼事？也就是說，在宇宙起源之前發生了什麼事？

天文物理學家目前對此一無所知。或者說，我們目前最天馬行空的想法，幾乎全都缺乏實驗科學的根基。為此，有些具有宗教信仰的人就以正義使者的口吻斷言，一定是某種至高無上者啟動了這一切，而這種力量不但大過其他力，也是所有一切的根源。對這類人來說，啟動這一切的，理所當然就是上帝。

然而，會不會宇宙是永恆的存在，只是它的狀態我們至今仍然無法辨認，例如：它會不會是可以不停產生新宇宙的多重宇宙？或者，宇宙根本是憑空出現的？或者，我們所知和所愛的一切，只是超級智慧外星物種因為好玩，所進行的電腦模擬？

這些有趣的哲思，很難讓所有人滿意。儘管如此，這些想法提醒了我們，無知才是科學家心智的自然狀態。自認無所不知的人，從來不會去尋找，也不會碰巧發現到宇宙未知與已知的界線。

我們知道且可以斷言的是：宇宙有一個起點。

此外，我們身體裡的每一顆原子，都可以溯源到大霹靂，以及五十多億年前發生爆炸的大質量恆星裡的熱核反應爐。我們是星塵轉變成的生物，然後宇宙賦予了我們能力，讓我們去了解宇宙，而我們的旅程才剛要開始呢。

Ursa Minor
Corona Borealis
Serpens
Caput
Lunx
Camelopardalis
Libra
Hydra
Vela
Cepheus
Perseus
Ophiuchus
Lupus
Crux
Norma
Carina
Puppis
Hercules
Circinus
Centaurus
Lyra
Musca
Triangulum
Australe
Cassiopeia
Serpens
Cauda
Sagittarius
Taurus
Chaemeleon
Scorpius
Cygnus
Aquila
Octans
Lepus
Scutum
Ara
Dorado
Telescopium
Apus
Columba
Triarigulum
Lacerta
Delphinus
Equuleus
Capricornus
Indus
Hydrus
Corona
Australis
Volans
Orion
Aquarius
Aries
Tucana
Pictor
Pavo
Pisces
Australia
Reticulum
Pegasus
Pisces
Sculptor
Cetus
Phoenix
Ursa Major
Grus
Leo Minor
Leo
Auriga
Crux
Canes Venatici
Coma
Berenices
Leo Minor
Crater
Cancer
Lunx
Draco
Bootes
Virgo
Canis Minor
Corvus

2.
在地球上就是在宇宙中

在牛頓寫下萬有引力定律之前，沒有任何人有任何理由可以假定，在地球上適用的物理定律，也適用於宇宙其他地方。

當時的人相信，地球有地球的事物，而天上有天上的事物。根據那時的基督教教義，天上是由上帝掌控的，那裡的一切並不為我們凡人薄弱的心靈所知。牛頓突破了這個哲學障礙，讓所有運動都變成可理解和可預測時，就有神學家批評牛頓，沒留下任何事情讓造物者來做了。

牛頓意識到，把熟透的蘋果從樹上拉下來的力，除了引導被拋擲的物體沿曲線移動之外，也讓月亮繞著地球進行軌道運動。而牛頓的重力定律，在引導行星、小行星和彗星沿軌道繞太陽運行的同時，也讓銀河系內的數千億顆恆星進行軌道運動。

物理定律的這種普適性，在驅動科學發現上的效力無以倫比，而重力定律只是開端而已。請想像，十九世紀的天文學家，首次把原本在實驗室裡分解光束的稜鏡拿來對著太陽時，有多麼的興奮。光譜不但在視覺上賞心悅目，更帶有關於發光體的許多資訊，例如溫度和組成等等。化學元素因為各具有獨特的明線或暗線模式，能從光譜上清楚辨認出來。人們既高興又驚訝的發現，太陽的化學指紋和實驗室裡元素的指紋，竟然完全相同。

從此三稜鏡不再是化學家獨門的工具了，這顯示出，雖然太陽和地球在尺寸、質量、位置和外觀上都很不同，但兩者皆擁有相同的組成物質：氫、碳、氧、氮、鈣、鐵等等。更重要的是，這份長長的共同成分表，讓我們發現：在地球上和在1億5千萬公里之外的太陽上，都以共通的物理定律，規範這些特徵光譜應該如何產生。

這種普適性的概念不但非常有用，有時更可以用來進行倒推。例如：在深入分析太陽光譜之後，找到了一種地球上沒見過的元素特徵譜線。因為它是先在太陽上發現，後來才在地球的實驗室裡找到的，所以當時就以希臘文的太陽（helios），把這個元素命名為氦（helium）。在元素週期表上，氦是第一個也是唯一一個，首先發現於宇宙他處而非地球上的元素。

那麼適用於太陽系的物理定律，是否也適用於銀河系？或適用於宇宙各處？是否跨越時間一體適用？在由近到遠，層層檢驗這些定律的過程中，我們發現，鄰近的恆星會擁有相同的元素；在遠處互繞的雙星，看似也遵循牛頓的重力定律，而互繞的雙星系也不例外。

地質學家可以根據分層的沉積物，建構出地球事件發生的時間線；同樣的，愈深入觀測太空，就會看到愈早的事件。

來自宇宙最遙遠天體的光譜和在鄰近空間最近才量到的光譜，都具有相同的化學特徵。沒錯，兩者的光譜當然有差異，主要是在遠古時，重元素的豐度較低，因為彼時的重元素只由寥寥數個世代的爆炸恆星所貢獻。不過，產生這些原子和分子特徵光譜的過程，以及背後的定律仍然不變。特別值得一提的是，控制每種元素基本光譜特徵的精細結構常數，也經證實歷經數十億年都沒有變化。

當然，並非所有的宇宙事物和現象都可以在地球上找到。例如：你可能從不曾穿越過一團溫度高達數百萬度的閃爍電漿；而且我敢跟你對賭，你在路上絕不會遇到黑洞。不過最重要的，還是用於描述它們的物理定律是有普適性的。

人類首次把光譜分析應用到星際星雲發出的光時，又再次發現，這個特徵光譜在地球上找不到對應的元素。而且在週期表上，好像也沒有擺放這個新元素的合適位置。天文學家就暫時稱它為星雲元素（nebulium），等待進一步釐清它的本質。

科學家後來才弄清楚，星雲極為稀薄，所以星雲裡的原子跑了很長的距離，都不會發生碰撞。在這種狀態下，原子內的電子會出現在地球實驗室裡看不到的行為。這種星雲元素其實就是尋常的氧原子，只不過它的電子處在特殊狀態而已。

物理定律的普適性告訴我們，如果我們降落在具有蓬勃外星文明的行星上，這個行星上的人應用的物理定律，應該與我們在地球上發現且測試過的相同，縱然他們的社會理念和政治理念和我們可能完全不同。

除此之外，如果你想和外星人對話，你可以很確定他們的語言不會是英語、法語或中文。我們也不知道跟他們握手（如果他們伸展出來的側肢是手的話），會被認為是顯示敵意還是傳遞和平。你最可行的溝通方式，可能是使用科學的語言。

1970年代的先鋒10號和11號以及航海家1號和2號太空船，就做了這種溝通嘗試。這四艘太空船在利用氣態巨行星進行重力協航後，都擁有足夠能量完全脫離太陽系。

先鋒號太空船上帶著經過蝕刻的金質平板，

上頭以科學象形圖呈現我們太陽系的布局、我們在銀河系的位置和氫原子的結構。航海家太空船則攜帶了更多資訊，包括一張金質唱片，上頭記錄了地球上的各種聲音，有人類的心跳聲、鯨魚的吟唱和選自世界各地的音樂（包括貝多芬的古典樂和查克・貝瑞的搖滾樂作品）。雖然這些內容讓傳遞的信息較人性化，不過縱使外星人有耳朵，我們還是很難斷言他們是否能理解這些內容。

關於這一點，美國國家廣播公司的一個搞笑段子讓我很喜歡：航海家太空船發射後不久，「星期六夜現場」節目展示了一封信函，號稱是發現這艘太空船的外星人寫的，上頭很簡明的要求：「多來點查克莓果。」✢

科學除了會因為物理定律的普適性而蓬勃發展，也會受惠於物理常數的存在和恆定不變。例

✢ 譯注：段子的重點在查克・貝瑞（Chuck Berry）有可能遭誤會為查克莓果，所以我們聽的音樂，外星人也許誤會為是吃的。

如：大多數科學家暱稱為「大G」的重力常數，就讓牛頓重力方程式可以用來量測重力的強度。長久以來，這個常數的穩定性歷經了許多間接測試的檢驗。如果你實際進行數學計算，就會發現恆星的光度和G有很緊密的關係。如果G在過去有微小變化的話，那麼太陽能量輸出的變化幅度，就會遠大於從生物、氣候和地質紀錄上看到的變化量。

我們的宇宙就是有這樣的均勻性。

* **

在所有的常數當中，最為著名的是光速。不管你能移動得多快，也永遠不可能比光還快。為什麼？因為我們從未在實驗中，發現物質移動的速率接近光速。而且經過千錘百鍊的物理定律，也預測和解釋了這個事實。

我知道這些敘述聽起像是思想閉塞者之言。在過去的歷史中，許多最愚蠢的科學宣告，都低估了發明家和工程師的創造力，例如：「人類不可能會飛」、「商業飛行永不可行」、「我們永遠到不了月球」等等。而這些宣告的共通點是：從來都沒有物理定律的支持。

「我們永遠不可能比光快」的宣告，是性質全然不同的預言；它植基於經過時間反覆測試的基本物理定理。未來的星際旅者，有可能到見到這種高速公路路標：

遵守光速

不但是明智之舉

更是律定如此

雖然在地球的公路上超速會被捉，但物理定律並不需要執法機構的介入。但說來好笑的是，我還真的穿過印著「請遵守重力！」的宅男專屬T恤。

所有的量測都指出，這些已知的基本常數和引用它們的物理定律，都不會隨時間和位置而變，它們真的恆常不變，並且是放諸四海皆準的。

✷

許多自然現象很明顯有多個物理定律同時進行運作，而這通常會讓分析工作變得格外複雜，因此在大部分的情況下，都需要借助高速電腦的計算才能了解發生了什麼事，也才能追蹤重要的參數。

舒梅克—李維9號彗星在1994年撞擊了木星厚重的大氣之後，發生了爆炸。而最精確的電腦模擬，總共結合了流體力學、熱力學、運動學和重力定律。

氣候和天氣則是其他複雜且難以預測的案例。縱然如此，基本定律在這些範例裡依然適用。木星的大紅斑是肆虐了超過350年的反氣旋系統，但是驅動它的物理過程，同樣也在地球和太陽系的其他地方產生風暴系統。

另一類具有宇宙普適性的定律是守恆律；它們專指，某些量測量不論如何都不會改變。其中最重要的3個守恆律，分別是質能守恆定律、線動量與角動量守恆定律，以及電荷守恆定律。在地球上和其他我們檢視過的地方，從粒子物理領域到宇宙的大型結構，都證實了這些守恆律正確無誤。

縱使有這麼多可以自豪的成果，但我們對宇宙的了解也並不是完美無缺的：我們在宇宙中測到的重力，有85%的重力源是我們看不到、摸不到也感受不到的。

這種神祕的暗物質或許是由我們尚未發現的奇異粒子組成的，不過目前我們還偵測不到暗物質，只知道它們會以重力吸引我們見得到的物質。然而有少數的天文物理學家並不接受暗物質之說，他們認為只需要外加一些簡單的組件，修訂一下牛頓重力定律，就能解決全部的問題。

或許將來有一天，人們會意識到牛頓定律真的需要修定。不過，這沒什麼大不了的，因為這種事以前就發生過。愛因斯坦在1916年發表的廣義相對論，在某些方面可視為牛頓重力理論的推廣，以適用於極高質量的物體。牛頓的重力定律並不適用於這個延伸的領域，而他當年也不知有此領域。我們從此得到的教訓是：我們對定律的信心，取決於測試驗證條件的範圍；測試的範圍愈廣，這些定律描述宇宙的能力就愈有用，也愈強大。

不過在日常生活中，牛頓定律就夠精準了。1969年，靠著牛頓定律的引導，我們飛到月球然後再平安返航。不過，要了解宇宙中的黑洞和大尺度結構體，就得動用廣義相對論。然而，愛因斯坦的廣義相對論在小質量和低速下，就完全在數學上等於牛頓方程式了。而上述種種，都讓我們有信心，我們能了解我們宣稱要了解的一切。

* **

對科學家而言，物理定律的普適性讓宇宙變得非常簡單易懂。相較之下，心理學家專職在鑽研的人性，反而是遠為複雜和難懂的現象。在美國，學校教學的內容需要由各區的學校董事會投票決定。有時候，投票的結果會受到文化、政治和宗教思潮左右。世界各地都有因為不同的宗教信仰，導致無法和平解決的政治分歧。

物理定律的強大與漂亮之處，在於它們放諸四海皆準，不論你相信或是不相信這些定律，它們的確就是這樣。

也就是說，除了物理定律之外，其餘的規則都純屬個人或眾人的意見。

這並不是說科學家不會爭吵，事實上我們吵得可凶呢。不過我們發生爭辯時，通常是對知識前緣不充分的詮釋或爛數據，表達各自的意見。

但是，不管在何時何地，只要有人發現可以引用某一個物理定律進行論證，爭論保證很快就會平息。諸如：你關於永動機的提議並不可行，因為它違反經過完整測試的熱力學定律；你不可能建造時光機器，否則你就有可能回到過去殺掉母親，而這

違反了因果律；縱使你能盤出蓮花坐，也不可能違反動量守恆定律，飄浮在地面之上。✝

擁有物理定律的知識，在某些情況下會讓你有信心去挑戰過度傲慢的人。

幾年前我走進美國加州帕薩迪納市一家點心店，去買一杯擠上發泡奶油的熱可可當宵夜。飲料送來的時候，我完全看不到任何發泡奶油的蹤跡，於是告訴服務生說他忘了加。但他自信萬分的堅稱已經加了，之所以我看不到，是因為發泡奶油沉到了杯底。

發泡奶油的密度很低，會浮在任何飲料的表面。所以我對服務生說：「我沒看到發泡奶油，而這只可能兩種可能，一是你們忘了替我的熱可可加上發泡奶油，或者是在你們的餐館裡，物理定律與眾不同。」

✝原則上，如果你放的屁強勁有力而且源源不絕的話，是可能完成這種特殊才藝表演的。

他很不服氣的拿來一小團發泡奶油，想證明他的說辭。而加在杯子裡的發泡奶油，在稍微浮沉了一兩下之後，就穩定的漂在表面上。有放諸四海皆準的物理定律為證，你哪還需要其他的證明呢？

Ursa Minor
Corona Borealis
Serpens Caput
Hydra
Lunx
Vela
Camelopardalis
Cepheus
Perseus
Libra
Ophiuchus
Crux
Carina
Puppis
Hercules
Lyra
Norma
Lupus
Circinus
Centaurus
Triangulum Australe
Taurus
Cassiopeia
Serpens Cauda
Sagittarius
Musca
Chaemeleon
Scorpius
Cygnus
Aquila
Scutum
Ara
Octans
Dorado
Lepus
Lacerta
Delphinus
Equuleus
Telescopium
Apus
Columba
Capricornus
Indus
Hydrus
Corona Australis
Volans
Orion
Aries
Aquarius
Tucana
Pavo
Pisces Australis
Reticulum
Pictor
Pegasus
Pisces
Sculptor
Cetus
Grus
Phoenix
Leo Minor
Ursa Major
Leo
Auriga
Canes Venatici
Coma Berenices
Crater
Cancer
Lunx
Draco
Bootes
Virgo
Corvus
Canis Minor

3.
於是，就有了光

大霹靂發生之後，宇宙的主要工作就是擴張，原本塞滿空間的濃密能量，也不停的稀釋到各處。而隨時間一點一滴的過去，宇宙變得愈來愈大，愈來愈冷，同時也愈來愈暗。在此時，物質和能量共存在這團不透明的濃湯裡，而其中到處漫遊的電子，則不斷的把光子往每一個方向散射。

宇宙在開頭的380,000年就是這種景象。

在這個初期的宇宙裡，光子走沒多遠就會遇到電子。在這個時期，如果你要看見宇宙的另一側，是絕對無法達成任務的。因為任何你偵測到的光子，都是在奈秒或皮秒[+]之前，才剛被你鼻子前方的電子彈過來的。這個年代的資訊在進到你眼睛之前，可以傳播的最大距離就只有這樣，因此不管你往哪個方向看，整個宇宙都是一團不透明的光亮濃霧。太陽和其他恆星在當時的情況也是這樣。

+ 1奈秒是10億分之1秒；1皮秒則是1兆分之1秒。

隨著宇宙的溫度降低，粒子移動得愈來愈緩慢。當溫度從火熱的3,000 K再往下降時，電子的移動剛好慢到在質子附近時會被捉住，形成如假包換的原子。而原來不停受到騷擾的光子，從此就自由了，可以不受干擾的穿行在宇宙裡。

火熱閃耀的初期宇宙，殘留下來的光化身成宇宙背景，而宇宙背景的溫度，可以從主要的光子在哪一個光譜波段推斷出來。隨著宇宙繼續降溫，原來在可見光波段的光子，因宇宙擴張而損失能量，變身為紅外光子。不過，雖然可見光子的能量愈來愈低，但它們仍然是不折不扣的光子。

在光譜中，紅外光之下的波段是什麼？從光子獲得自由的那瞬間算起，宇宙如今已經擴張了1,000倍，也因此，宇宙背景幅度的溫度是原先的1/1,000。那個時期的所有可見光子，現在能量只有原先的1/1,000，所以目前它們是微波。也因此，它們如今的名稱是「宇宙微波背景」。如果宇宙接下來再繼續膨脹500億年，屆時的天文物理學家就會稱它們為宇宙無線電波背景。

物體受熱會發光，輻射出的光子會遍及所有的電磁波段，不過總是會在某個波段產生最大峰值。以光亮的金屬燈絲當光源的家用白熾燈，輻射高峰都在紅外光，因此是非常沒有效率的可見光源。而我們看不到紅外光，只能靠皮膚感受到它的熱。

現在的發光二極體（LED）等先進照明科技，產生的是純可見光，沒浪費任何功率到其他的電磁波段。也因此，你才會在LED包裝盒上見到看似相當瘋狂的描述：「這個7瓦的LED燈泡相當於60瓦的白熾燈」。

就像我們預期的那樣，由當初非常明亮光輝的宇宙所遺留下宇宙微波背景，具有冷卻中但仍在散發能量的物體該有的輻射曲線，它的峰值在其中的一個波段，但同時也在其他波段發光。宇宙微波背景的峰值在微波波段，但也發出一些無線電波，以及微乎其微的較高能量光子。

在二十世紀中葉時，宇宙學這個分支的觀測數據寥寥無幾。當一個學門少有數據時，常會有人提出各式各樣巧妙且異想天開的競爭性理論。

俄裔美國物理學加莫夫（George Gamow）和同事在1940年代，預言了宇宙微波背景的存在。他們的想法植基於身兼物理學家和牧師的勒梅特（Georges Lemaître）在1927年發表的論文，勒梅特是比利時人，公認為大霹靂宇宙之父。然而，宇宙背景輻射的估計溫度，是由美國的物理學家艾弗（Ralph Alpher）與赫爾曼（Robert Herman）在1948年提出的，他們的計算奠基於3個重要的支柱：

1. 愛因斯坦在1916年發表的廣義相對論；
2. 哈伯（Edwin Hubble）在1929年發現宇宙正在膨脹的現象；
3. 在第二次世界大戰製造原子彈的曼哈頓計畫中及之前，於實驗室發展出來的原子物理。

赫爾曼和艾弗完成計算後，指出宇宙的溫度是5 K。乍看之下這顯然並不正確，因為精確的測量顯示，宇宙微波的溫度是2.725 K，有時也只寫成2.7 K，如果你特別懶得寫數字的話，把宇宙的溫度四捨五入寫成3 K也不算錯。

讓我們先暫停一下。赫爾曼和艾弗把剛從實驗室新鮮出爐的原子物理，應用到初期宇宙的假設狀態中，然後把宇宙往前推展數十億年，計算出現今宇宙的溫度應該是多少。他們的預測值竟然和實際值相去不算遠，可說是人類洞察力的驚人成就。

因為這種計算照說，很輕易就會差上10倍或100倍，或者甚至可能預測出完全不存在的東西。美國天文物理學家戈特（J. Richard Gott）評論這兩位科學家的成就時是這樣的說的：他們成功的預言了微波背景存在，而預測的溫度與正確值差異不到2倍，這情況就好像是有人預言，會有一艘15公尺的飛碟降落在白宮草坪上，結果卻來了一艘8公尺飛碟那樣。

✳ ✳✳

首次直接量測到宇宙微波背景是在1964年，由物理學家潘佳斯（Arno Penzias）和威爾森（Robert Wilson）在美國電話電報（AT&T）公司的研究部門貝爾實驗室裡，無意間完成的。在1960年代，微波無人不知，但幾乎沒人有偵測它的設備。在通訊工業處於領先地位的貝爾實驗室，特別開發了一部龐大的號角形天線來偵測微波

不過，如果你要發送和接收訊號，首要之務是周圍環境不能有太多干擾源。潘佳斯和威爾森想要量測接收器附近的背景微波干擾，以確保這個波段的通訊乾淨無雜訊。他們不是宇宙學家，只是擁有微波收接收器的科技專家，而且對加莫夫、赫爾曼及艾弗的預測一無所知。

威爾森和潘佳斯根本不是要找宇宙微波背景，他們完全只是想替AT&T開發新的通訊頻道。

潘佳斯和威爾森進行實驗，並把所有能找到的已知地球和宇宙干擾源從數據中扣除，不過仍有部分訊號一直都在，他們怎麼也想不出該如何消去。無計可施之下，他們去檢查天線的內部，發現有鴿子在裡頭築巢。他們擔心裡頭的白色介電物質（鴿子糞便）或許就是殘留干擾訊號的源頭，因為那揮之不去的殘留訊號，與天線指向無關。

在清除這些介電物質之後，殘留干擾是有下降了一點點，不過並沒有完全去除。所以他們在1965年發表一篇論文[✢]，詳談這種來源不明的「天線溫度超量」。

同時，由普林斯頓大學物理學家狄基（Robert Dicke）帶領的團隊，正在建造要用來尋找宇宙微波背景的偵測器。不過他們的資源不如貝爾實驗室，因此進展也稍慢一些。當普林斯頓團隊聽到潘

✢ 請參見：A. A. Penzias and R. W. Wilson, "A Measurement of Excess Antenna Temperature at 4080 Mc/s," *Astrophysical Journal* 142（1965）: 419–21.

佳斯和威爾森的成果時，狄基和同事馬上知道這種天線溫度超量是怎麼來的。所有事證都完全吻合，最重要的是溫度在預期值附近，而且訊號是來自全天空所有的方向。

潘佳斯和威爾森因為這項發現，在1978年獲頒諾貝爾物理獎。後來美國天文物理學家馬瑟（John C. Mather）以及斯穆特（George F. Smoot）共享了2006年的諾貝爾物理獎，因為他們在大範圍的電磁波段觀測宇宙微波背景，把宇宙學從機巧、不成熟而且鮮少有證據的稚齡科學，轉變成了精確的實驗科學。

✷

因為光需要時間，才能從宇宙深處傳到我們這裡，所以當我們眺望深空時，實際上是在回溯時間，觀看發生於遠古時期的事件。因此，如果遙遠星系上的智慧生物，在我們看到這個星系的那一瞬間，正在量測宇宙背景輻射的溫度，他們量到的值一定會高於2.7 K，因為相較於我們，他們生活在較年輕、較小且較熱的宇宙裡。

而我們也真的可以測試這個假說。氰分子CN（以前用來處決死刑犯的毒氣主成分）受到微波照射時可以被激發。如果微波的溫度高於目前我們所看到的宇宙微波背景，受激發的氰分子數量也會比較多。根據大霹靂模型，較年輕的遙遠星系裡的氰分子，所沐浴的微波背景溫度，會高於我們銀河系氰分子見到的微波背景溫度。觀測結果也完美證實了這項假說。

這種結果造不了假。

這些結果到底有什麼有趣之處？大霹靂後的380,000年之間，宇宙都是不透明的，所以縱使你就坐在第一排的中間位置，也看不到物質是如何形成的。也就是說，你無法見證星團和巨型空洞是在何處開始成形的。任何人想要看到值得一看的事件或結構，都要等光子從宇宙盡頭動身，在無阻礙下把這份資訊攜帶過來才行。

光子開始進行跨宇宙之旅的起點，就是它在行進中最後一次撞到電子的地點，稱為「最後散射點」。隨著愈來愈多光子出發逃離，未再受到電子撞擊，這些光子形成了一個不停擴張，由最後散射點構成，厚度達120,000光年的表面。這個表面也是宇宙所有原子的誕生之處；在該處，電子和原子核結合成原子，釋放出的能量以光子的形式奔向浩淼的紅色遠方。

在那時，宇宙的部分區域在彼此的重力吸引下，已經開始聚集。在這種區域裡最後被散射的光子，跟在空無一物區域裡，受孤立電子散射的光子比起來，能量較低。在物質聚集的區域，重力較強，會讓更多物質進一步聚集。這種區域會孕育出超星系團，相形之下其他的區域卻空曠無物。

當你仔細檢視宇宙微波背景，會發現它並非完全平滑；它上頭有稍微熱一點的斑塊和稍微冷一點的斑塊。經由研究宇宙微波背景上的這些溫度差異，也就是說經由研究最後散射面，我們得以推敲出早期宇宙的結構和物質分布。

所以要找出星系、星系群和超星系團形成於何處時，如同時間膠囊的宇宙微波背景就是我們最好的探測器，它讓天文物理學家能反推宇宙的歷史。研究宇宙微波背景上的圖案，酷似在做宇宙顱相學，而我們分析的是嬰兒期宇宙上的顱骨突起。

如果使用當代及遙遠宇宙的觀測作為限制與規範，我們可以利用宇宙微波背景求解宇宙的各種基本性質。例如：從高溫區與低溫區的尺寸分布和溫度，可以推斷那時的重力有多強以及物質多快聚集起來，據此我們可以找出宇宙中的一般物質、暗物質和暗能量各有多少。完成上面的這些工作之後，判斷宇宙是否會永遠擴張下去的工作，就會變得相當容易。

* **

組成你和我的一般物質，有重力作用也會和光互動。神祕的暗物質有重力作用，但不會以任何已知的方式和光互動。暗能量是一種神祕的真空壓力，它作用的方向與重力反向，有了它就會讓宇宙擴張得更快。

宇宙顯相學檢驗讓我們知道宇宙行為的源由。不過，絕大部分宇宙的成分是什麼，我們目前仍茫無頭緒。儘管我們如今陷入前所未有的重度無知；不過，宇宙學還是有定錨點，因為宇宙微波背景正指引我們找到出口，而有趣的物理也發生在這裡，我們可以從宇宙微波背景了解，光可以自由漫遊之前和之後的宇宙。

宇宙微波背景的發現，把宇宙學從神話變成真實存在的學科。準確且詳細的宇宙微波背景圖，讓宇宙學進一步成長為現代科學。

宇宙學家通常很自負；請設想一下，如果你每天的工作都是在探索是誰讓宇宙誕生的，你如何能不自負呢？不過如果沒有實測數據，一切的詮釋全屬假說。如今，每一個新觀測或每一小片數據，都像是一把雙刃劍，可以讓宇宙學擁有其他學科早就享有的堅實基礎，得以繁榮和發展，但同時，它也會篩選人們在數據缺乏時期建構出來的學說，指出哪一個正確，哪一個根本是胡說。

總之，要成為成熟的科學，一定要有數據支撐。

4.
星系之間有什麼

在宇宙組成元素的大盤點裡，通常只會計算星系的數量。最新的估計指出，可觀測宇宙可能擁有1千億個星系。美麗明亮且擠滿恆星的星系，分布在黝黑虛空中的景象，就像在國家裡各處的都市燈火。不過，虛空到底是多麼空無一物？（城市之間的鄉間到底有多空曠？）

星系無比明亮迷人，因此很容易讓我們覺得除了它們之外，其餘的東西都無關緊要。不過，在星系與星系之間的宇宙，可能分布著難以偵測的東西。而且和星系比起來，這些東西或許反而更有趣，對宇宙演化的重要性也更高。

我們所在的螺旋星系銀河系（Milky Way），英文名稱源自它在夜空中，看起來酷似一灘打翻的牛奶。事實上，星系（galaxy）的英文字源正是希臘文的牛奶。最鄰近我們銀河系的一對星系，距離我們約160,000光年，體形都相當嬌小且形狀很不規則。麥哲倫在1519年的著名環球航行中所寫的航海日記，就有關於這兩個天體的描述。為了向他致敬，這兩個主要在南半球才得見，位在銀河繁星後方的雲狀天體，就稱為大麥哲倫星系與小麥哲倫星系。

比我們銀河系大的最鄰近星系，座落在仙女座的眾星後方；這個過去稱為仙女座大星雲的螺旋星系，可以看成是我們銀河系更重、更明亮的孿生兄弟。這些星系的英文名稱，其實都沒提到它們和恆星有何種關聯，因為這些星系都命名於望遠鏡發明之前，當時的天文學家還無法分辨出它們內部的恆星。

✷ ✷✷

人類要不是有各種波段的望遠鏡襄助（在〈看不見的光〉中會詳細介紹），可能到現在都還以為星系之間是空無一物的。在現代偵測器和現代理論的協助之下，我們已經探索過宇宙的荒野地帶，並發現了各式各樣難以偵測的天體，諸如：矮星系、速逃星、爆炸的速逃星、數百萬度高溫的X射線輝光氣體、暗物質、暗藍星系、無所不在的星雲、出奇高速的帶電粒子和神祕的量子真空能量。從這個長長的清單上，我們或許可以說，宇宙中種種有趣的事件都發生在星系之間，而非在星系之內。

只要是取樣體積夠大的太空調查，都會發現矮星系的數量要比大星系多了10倍以上。我在1980年代寫的第一篇宇宙隨筆，標題為〈銀河系與七矮星系〉，內容在討論銀河系附近的小型家族成員。自那時以來，已發現的鄰近矮星系達到數十個了。

大星系通常擁有數千億顆恆星，而矮星系的成員星有時可以只有1百萬顆左右。因此，要偵測到矮星系，難度比偵測到大星系高數十萬倍。所以到現在，我們還可以找到根本近在眼前的矮星系，就絲毫不足為奇了。

矮星系若已不再會形成恆星，外表通常看起來會像無趣的小斑塊，而還在形成恆星的矮星系，形狀也都很不規則，坦白說，看起來都挺醜的。

矮星系之所以難以偵測，主要有3個原因。首先，它們都很小，所以當附近有迷人的螺旋星系吸住我們的目光時，就很容易被忽略。矮星系很暗；許多星系調查都設定了特定的偵測亮度門檻，如果矮星系的亮度落在門檻以下，就會被漏掉。矮星系內的恆星密度低，在地球夜氣輝和雜散光源在大氣形成的輝光影響下，看起來很不明顯。

上面這些原因全都會影響矮星系的偵測。但是矮星系的數量要比正常的星系多很多，也因此所謂的「正常星系」到底是什麼，定義或許有進行修訂的必要。

我們發現的大部分矮星系，多半位在大星系附近，以伴星系的身分繞著大星系打轉。例如：大麥哲倫星系與小麥哲倫星系，就是銀河矮星系家族的成員。伴星系的命運其實很多舛，針對它們軌道所進行的大部分電腦模擬都指出，它們的軌道會衰滅，最後導致它們無助的被大星系扯碎，接著被吃掉。在過去的10億年之中，我們的銀河系至少參與過一次以上的這種同類相殘。而遭我們銀河系剝了皮的矮星系，殘骸目前還在人馬座方向的恆星後方，以長長恆星流之姿繞著銀河中心打轉。這道恆星流稱為人馬座矮星系，不過更貼切的名稱或許該叫「太空午餐」。

在星系團裡的高密度環境裡，大星系經常會兩兩或多個互撞，留下一堆龐大到難以想像的爛攤子，諸如變形到無法辨認的螺旋結構、因氣體雲猛烈互撞而觸發的猛爆型恆星誕生區，以及數以千萬顆剛從這些星系脫逃出來，正到處奔竄的恆星。

有時候，部分這些恆星會再次聚集成團，形成或可稱為矮星系的天體，其餘的恆星則浪跡四方。在所有的大星系當中，大約10%有曾經與其他大星系因重力劇烈互撞的跡證，但是處在星系團內的星系，互撞的發生率或許高達5倍以上。

在這種大混亂之中，到底有多少星系（特別是星系團內的星系）的碎片，會飛到星系間的空間？沒有人能說個準。這種量測很困難，因為個別的恆星太暗，很難單獨偵測到。我們只能偵測這類恆星共同發出來的黯淡輝光。而我們真的在觀測星系團時，找到了出現在星系之間的這種輝光，這顯示在星際間流浪的無家可歸恆星，數量或許和星系內的恆星不相上下。

讓我為這個議題再爆一些料。我們在不經意之中，在遠離寄主星系（如果仍可這麼叫的話）之處，發現十餘顆被炸飛的超新星。

在正常的星系之內，「不會發生超新星爆炸的恆星」和「會發生超新星爆炸的恆星」之比例，大約是10萬到1百萬比1。所以，這些孤立的超新星或許洩露了大批未偵測到的恆星的蹤跡。超新星是指，恆星把自已炸成碎片的現象，這個過程可長達數星期，其間它們的亮度會提升10億倍，成為在宇宙另一側都看得見的天體。

誠然，十多顆無家可歸的超新星並不算多，但或許有更多超新星尚待發現，因為大部分的超新星搜尋計畫，只在已知星系進行系統性監控，虛空之處並不在監控之列。

✷

星系團之內可不只有成員星系和迷途的恆星。X射線望遠鏡的觀測指出，星系團內還有填滿整個星系團空間，且溫度高達數千萬度的氣體。這種雲氣如此熾熱，會在X射線波段發出很明亮的輻射。

富含氣體的星系如果在這團高溫氣體裡運動，最終會失去原本擁有的氣體，從此再也無法形成新的恆星；而這或許是這類雲氣會如此龐大的原因。我們計算這種高溫氣體的總質量，就會發現在大多數星系團裡，它比星系團裡星系的質量總和差不多大上10倍。

更糟的是，星系團再多也沒有暗物質多，暗物質的質量恰好是所有其他物質總和的10倍。換句話說，如果望遠鏡看到的是質量而不是光，那麼我們鍾愛的星系團成員星系，會是大團球狀重力源裡一顆顆不起眼的小斑點。

在星系團以外的宇宙空間裡，還有一大群很久以前曾經興旺過的星系。如同前面所言，眺望宇宙空間跟地質學家在看沉積岩分層很相似，所有過去的歷史都歷歷在目。

宇宙距離如此龐大，光的傳遞時間可以長達數百萬年甚至數十億年。宇宙的年齡在目前一半的時候，一種很藍、很暗的中型星系曾經大為興盛。目前我們仍能見到這類星系。它們泛藍的色澤，是來自剛形成、大質量、短命、高溫、高亮度的恆星發出的輝光。這種星系很昏暗，除了因為距離遙遠，它們內部的高亮度恆星也寥寥可數。

就像曾經興盛過但如今已不復存在的恐龍，留下的後裔是現代的鳥類一樣；我們也預期會在現今的宇宙，找到與這些不復存在的暗藍星系相對應的天體。然而，暗藍星系中的所有恆星是否都已熄滅？這些星系是否已成為散布在宇宙各處的不可見遺骸？它們是否演化成如今我們很熟悉的矮星系？或者，它們全都遭大星系吞食殆盡了？

我們不知道答案是什麼，不過它們曾出現在宇宙的歷史中，這是毫無疑義的。

由於大星系與大星系之間，充填了各式各樣的東西，我們預期往這些東西的方向看過去，視線應該會受到阻擋。也因此，在觀測類星體等宇宙最遙遠的天體時，可能會遇到問題。類星體是超高光度的星系核，它們的光通常要歷經數十億年，才能穿過宇宙，傳到我們這裡。因為類星體是極端遙遠的天體，所以是偵測居間零碎天體的理想標的。

就如預期的，在把類星體的光進行分光後，會發現它的光譜上交織著居間氣體雲的吸收線。類星體不管在天空的哪裡，都帶著數十個散布在路途上的氫氣雲之特徵譜線。這些獨特的星系際天體是在1980年代首次發現的，至今仍然是天文物理研究的活躍領域，這類研究的主要著眼點在於：它們從何而來？整體的質量有多少？

因為每一顆類星體都帶有這些氫氣雲的特徵譜線，而愈遙遠的類星體，光譜也顯示它們穿過的氫氣雲數量愈多，所以我們的結論是：這種氫氣雲散布在宇宙各處。

觀測指出，有些偵測到的氫氣雲，源自我們視線穿過的一般螺旋星系或不規則星系內的氣體，但這樣的氫氣雲數量少於1%。而且我們也預期，會有部分太過遙遠的類星體，恰好位在一般星系的後方而不為我們所見。因此大部分的吸光氫氣雲，毫無疑問是位在星系之間的獨立宇宙天體。

同時，類星體的光常會通過有巨大重力源的區域，這些重力源也把類星體的影像弄得扭曲變形。這些重力源通常極難偵測，因為它們可能是由太遠而太暗的尋常物質所組成，也可能是位在星系團中心或周圍的暗物質。

不管是哪一種，有質量就有重力，根據愛因斯坦的廣義相對論，有重力就會造成空間扭曲。當空間發生扭曲時，它就會像玻璃透鏡那樣，改變通過該區域光的路徑。遙遠的類星體和星系，真的曾被視線方向的居間天體，偏折到地球上的望遠鏡內。重力透鏡的作用就像遊樂場裡的哈哈鏡，可以放大、扭曲，甚至把背景天體的光分裂成多重影像；而光受改變的程度，則依重力透鏡的質量和與視線方向的對齊程度而異。

在人類現知宇宙最遙遠的天體之中，有一個是平常的星系而非類星體，而它黯淡的光，受到了居間重力透鏡的大幅放大。我們今後也許得靠這些「星系望遠鏡」的協助，來觀測一般望遠鏡不能及之處，據此持續更新宇宙最遠天體的紀錄。

*　**

每個人都愛星系際空間，但是如果你去那裡旅行，身體健康卻可能遭到不小的危害。先不說你溫暖的身體會因為要和宇宙3度的低溫達成平衡，而讓你凍死，也暫時略過你的血球會因無大氣壓力而爆裂；因為這些都只算是很尋常的危險。

在各種異域奇事中，星系際空間經常受極端高能量的高速運動帶電次原子粒子穿透。在這種我們稱為宇宙射線的粒子裡，最高能量者擁有的能量，一億倍於地球最大粒子加速器所能產生的能量。它們的來源為何，目前仍是未解之謎，不過，大部分的帶電粒子是以99.9999999999999999999%光速前進的質子（氫的原子核）。最令人嘆為觀止的是，每一顆這種次原子粒子攜帶的能量，都足夠把在果嶺上任何地方的高爾夫球送進球洞裡。

不過在星系際（星系之間）空間裡最奇特的現象，可能是在空間與時間真空裡翻騰的虛粒子海，其中無從偵測的物質與反物質對，不斷此生彼滅。

這種名為「真空能量」的奇特量子物理現象，具體的表現是在完全無物質的環境中，會出現反抗重力的向外擴張壓力。加速擴張的宇宙（暗能量能力的展現），或許就是受到了這種真空能量的驅動。

所以，星系際空間是各種趣事發生之處，而且永遠會如此。

5.
摸不著的暗物質

重力這個我們最熟悉的自然力，也同時是我們最了解和最不了解的自然現象。

牛頓這位千年來最聰明和最具影響力的人讓我們明白了，重力神祕的超距作用來自宇宙所有物質的貢獻，而且任何兩個物體間的吸引力，都可以用一道很簡單的代數方程式來描述。

然後，愛因斯坦這位上世紀最聰明和最具影響力的人告訴我們，可以用物質和能量在時空結構上造成的翹曲，更精確來描述重力的超距作用。愛因斯坦證明，牛頓的理論需要經過部分修正，才能精確描述重力，也才能用來預測光線通過大質量天體附近時，會受到多少偏折。

雖然愛因斯坦方程式要比牛頓方程式複雜難懂，但是它能包容我們知道的所有物質，包括一切我們看得到、摸得到、感受得到、聞得到，和偶爾嘗得到的物質。

我們不知道下一位做出突破的天才會是誰，

不過我們已引頸期盼了將近一個世紀，等待有人來告訴我們：為何宇宙中量到的大部分重力（將近85%），是來自不會和一般物質與能量交互作用的物質。

不過也有可能這種超量的重力，不是來自物質和能量，而是來自其他尚待發現的重力源。不論如何，目前我們毫無頭緒。

在1937年，瑞士裔美國天文物理學家祖威奇（Fritz Zwicky）首先發現這種「失蹤質量」問題，和那時相比，我們仍然離完整解答很遠。祖威奇在加州理工學院教了四十多年書，除了對宇宙有領先群倫的洞察力，並用豐富多彩的方式來描述之外，還能用讓人驚嘆的方式和同事對抗。

祖威奇曾研究離銀河系眾星相當遙遠的后髮座龐大星系團，及它內部成員星系的運動。后髮座星系團的天體，由距離地球約3億光年遠的大量星系聚合而成。

在星系團內，繞著星系團中心打轉的一千多個星系，行為就像繞著蜂巢飛舞的蜂群。祖威奇把其中的數十個星系當成星系團內的重力示蹤物，發現這些星系的平均速率，高得令人難以置信。由於重力愈強，受它吸引的物體，運動速率愈高，祖威奇的推算顯示，后髮座星系團的質量極大。

要驗證這個估計是否正確，只需要把所見的星系團各個成員星系，質量全加總起來。然而，雖然后髮座星系團是宇宙中體積最龐大與質量最大的星系團之一，它擁有的可見星系，質量加總起來並不足以造成祖威奇量測到的星系運動速率。

更糟的是兩者的差異極大，讓人不得不懷疑現知的重力定律是否有誤。在太陽系之內，重力定律運作無礙。牛頓證明，行星要在離太陽特定距離處有穩定的軌道，就要具有特定速率，才不會掉向太陽，或爬升到遠離太陽的軌道。計算指出，如果把地球的軌道速率提高到現行值的 $\sqrt{2}$（1.4142⋯）

倍，地球就會擁有完全脫離太陽系所需的脫離速率。

相同的論證也可以運用到更大的系統，例如我們的銀河系；在銀河系裡，每顆恆星都會在其他恆星的重力牽引下進行軌道運動。同樣的，在星系團裡的每個星系，也會感受到所有其他星系的重力作用。基於這種精神，愛因斯坦在筆記本寫下一小段韻文（德文原版不但押韻，而且唸起來鏗鏘有力）向牛頓致敬：

仰求眾星教導我
大師哲思從何找
眾星依循牛頓法
靜靜運行在軌道

如果我們重複祖威奇在1930年代的工作，仔細分析后髮座星系團，會發現它的成員星系運動的速率，全都高於該星系團的脫離速率。照理來說，后髮星系團應該會分崩離析，只要幾億年，成員星系就會全部各奔前程，不留下任何星系團曾存在的跡證。然而后髮星系團的年齡已超過100億年，幾乎和宇宙同壽。也因此，這就成為天文物理學界久懸未解的謎團。

* **

祖威奇完成這項工作之後的數十年，其他的星系團也發現了類似的問題，所以后髮座星系團並不是獨一無二的怪咖。

那麼我們該把問題怪在誰的頭上？要怪牛頓嗎？我不會如此做，至少現在怪他有點早。他的理論歷經了250年的檢驗，完全過關。

要怪愛因斯坦嗎？這跟他無關；星系團內的重力雖然很強，但並沒有強大到需要動用愛因斯坦廣義相對論的程度。順道一提，祖威奇在進行這項研究工作時，愛因斯坦的理論才剛發表了二十年。

或許讓后髮座星系團聚在一起的「失蹤質量」一直都在，只是形式不明，而我們也看不到而已。如今我們稱它為暗物質，除了避開質量消失之說，同時也指出有某種尚待發現的新物質存在。

天文物理學家終於接受星系團內藏有神祕物質之說後，相同的問題又在其他場合冒出來。現已去世的天文物理學家魯賓（Vera Rubin），1976年在華盛頓卡內基研究院工作時，在螺旋星系內發現了類似的質量異常問題。

魯賓當時在量測恆星繞螺旋星系核的軌道速率。剛開始量測時，她找到的答案和預期相符：在每個星系可見的盤面上，離核心愈遠的恆星，運動的速率高於內圍的恆星。因為較外圍的恆星，軌道與核心之間所包到的質量（恆星和氣體）較多，因此會以較高的軌道速率運動。而在星系明亮星系盤的外面，仍然有一些單獨的氣體雲和寥落的亮星，這些天體所在的空間並無可見的物質，它們軌道包到的質量應該不會再增加；此時運用這些天體當星系盤面重力場的示蹤物，我們預期它們的軌道速率會隨距離衰減，然而魯賓卻發現，這些在什麼都沒有地帶的天體，軌道速率依然居高不下。

由於每一個星系的外圍地帶，絕大部分是空無一物的空間，內含的少量可見物質，並無法解釋這些示蹤天體為何會有異常高的軌道速率。魯賓正確的指出，遠在每一個螺旋星系可見邊緣外頭的這些外圍區，一定有某種暗物質分布其中。由於魯賓的研究，我們如今稱這種神祕區域為「暗物質暈」。

我們銀河系裡，當然也有這種近在眼前的暗物質暈。從星系到星系團，可見物質的質量加總，和從總重力推出的質量，一再出現數倍的差距，在某些特例中，差距甚至達數百倍。整個宇宙的平均差異值是6倍；也就是說，宇宙暗物質產生的重力，大約是可見物質重力值的6倍。

進一步的研究指出，暗物質並不是過於昏暗或不發光的一般物質。這個結論植基於兩個不同的推理。我們可以採取類似警察篩選犯嫌的方式，先把近乎不可能的剔除掉。

暗物質會是黑洞嗎？不可能；否則在分析它們對鄰近恆星的重力作用時，早就找到一大堆黑洞了。暗物質會是暗星雲嗎？不是；暗星雲會吸收後方的星光，或與後方星光交互作用，而暗物質是不會這樣做的。暗物質會是星際（或星系際）的流浪行星、小行星和彗星這些不發光的天體嗎？很難相信宇宙產生的行星，質量會是恆星的6倍；簡單的計算就知道，那表示銀河系每產生1顆恆星，就要產生6萬顆木星，或更誇張的說，2百萬顆地球。而以我們的太陽系為例，太陽之外的所有質量加總起來，其實不到太陽質量的千分之二。

暗物質奇特本質的較直接證據，來自宇宙中氫和氦的相對比例；而這個比例，是早期宇宙留下的指紋。簡略的說，在大霹靂後數分鐘內的核融合，每產生1個氦原子核就會產生10個氫原子核（質子）。計算指出，如果大部分的暗物質都曾參與核融合，宇宙中氦的數量會比氫多。因此我們可以斷言，大部分的暗物質（也就是說宇宙中大部分的物質），不曾參與核融合。也因此，我們可以確定暗物質不是一般物質，不受形成一般物質的原子力和核力拘束。而宇宙微波背景的精細觀測數據，也另外測試並證實了這個結論；也就是說，暗物質和核融合並不相容。

也因此，我們能想出的最佳結論是：暗物質不會是沒在發光的一般物質，而是其他全然不同的東西。暗物質會依一般物質所遵循的定律產生重力，但沒有能讓我們可偵測的其他行為。

當然我們在做這種分析時，會因為不知道暗物質是什麼而綁手綁腳的。如果所有的質量都會產生重力，反過來說，是否所有的重力都有質量源？我們不知道答案是什麼。說不定物質並沒有異常，問題只是出在我們不了解重力而已。

✷

在不同的宇宙環境裡，暗物質和一般物質的比例有相當大的變化，而以在星系和星系團這類大型天體裡最顯著。在衛星和行星這種小天體裡，則找不到暗物質的蹤跡。舉例來說，地球的表面重力，完全由踩在我們腳下的物質產生。所以如果你的體重超重，就別賴給暗物質了。暗物質對月亮繞行地球的軌道沒有影響，也不會影響行星繞太陽的公轉運動。不過如前面提到的，我們真的需要暗物質，才能合理解釋恆星繞星系中心的軌道運動。

不同尺度的天體是不是有不同的重力物理呢？可能不是。更可能的是，我們還沒掌握到組成暗物質的物質之本質，而且它們比一般物質分布得更加瀰漫，否則我們就能偵測到聚集成團的暗物質，諸如：暗物質彗星、暗物質行星、暗物質星系所產生的重力。就我們所知，實際的情況並非如此。

我們目前很確定的是，宇宙中組成恆星、行星和生命這些我們很鍾愛的物質，就像宇宙蛋糕上薄薄的那層糖霜，或者說像是不可見遼闊宇宙海表面上的不起眼小浮標。

✳ ✳✳

大霹靂後的50萬年期間，只不過是宇宙漫長140億年歷史的一眨眼，此時宇宙裡的物質已聚集成團，而未來將再成長為星系團和超星系團。宇宙在接下來的50萬年，尺寸會再加倍，之後也會不停的擴張。

在宇宙裡有兩個相互競爭的效應：要讓物質聚在一起的重力，和要稀釋物質的宇宙膨脹。如果你稍微算一下，很快就會發現，單靠一般物質產生的重力，根本贏不了這場戰鬥。一般物質還是得靠暗物質的協助，否則我們就會生存在毫無結構體的宇宙（但若這樣就根本沒有生存這回事了），那裡沒有星系團，沒有恆星，沒有行星，更沒有人類。

那麼，暗物質需要產生多少重力？答案是：一般物質重力的6倍；這剛好是我們在宇宙中量測到的量。這種計算無法告訴我們，暗物質是什麼，只能告訴我們，暗物質的效應是真的，而且不管你多偏心，都不能把功勞全給一般物質。

✴

所以暗物質同時是我們的朋友也是敵人。只是我們對暗物質毫無所知，讓我們有點懊惱。不過，我們又極端需要暗物質，沒有它，我們的計算就無法正確的描述這個宇宙。

科學家對於要把計算植基在不了解的觀念上，通常很忐忑不安，不過當避無可避時，還是會勉強為之。暗物質並不是人類在史上試圖要駕御的第一匹騰跳野馬；舉例來說，十九世紀時，遠在任何人知道熱核融合反應是太陽的能源之前，科學家就量測了太陽的能量輸出，並證明太陽對地球的季節變化和氣候有直接影響。回顧那個年代，關於太陽能源的最佳設想，甚至還包括了太陽是著火大煤球的可笑之說。也是在十九世紀時，我們觀測恆星並取得它們的光譜，更進一步根據光譜把恆星分類。後來靠二十世紀引進的量子物理，我們才得以了解恆星光譜如何產生，以及為何長成這副模樣。

永不放手的質疑者，可能會把現今的暗物質和已證實不存的虛構以太假說相提並論。這個以太假說是在十九世紀提出的，內容是說透明以太無重量並遍布整個真空，讓光可以在其中傳遞。而在全無證據之下，科學家卻還是斷言以太必然存在，直到美國克里夫蘭市西儲大學的科學家邁克生（Albert Michelson）和毛利（Edward Morley）在1887年進行他們著名的實驗，才讓以太之說從此掉下神壇。

因為光具有波的特性，所以科學家認為如果光要傳遞能量，應該會像聲波一樣，有支撐波傳播的介質。事實上，光並不需要傳播介質，就能輕易穿過真空。不同於聲波需要有空氣支撐，光波是不需要介質協助，而可以自我傳播的能量封包。

我們對暗能量的無知和對以太的無知，兩者非常不同。以太的出現是來自我們對光的了解不完整，而暗物質並非只是純然的假設，而是由觀測到一般物質產生的重力效應而來的。我們並沒有憑空發明暗物質，而是從觀測數據推斷出它應該存在。暗物質和在其他恆星周圍發現的許多系外行星，都一樣真實，因為這些行星的發現，是經由分析它們對母星的重力效應而來，而非經由光學觀測直接看見的。

在暗物質這個議題上，最糟的可能情況會是：我們最後發現暗物質根本不是物質，而是其他的東西。會不會我們看到的，是另一個維度的力產生的效應？或者會不會我們感受到的，是隔壁宇宙裡一般物質產生的重力，穿透了分隔瓣膜？如果是這樣的話，我們的宇宙只是多重宇宙裡無窮多個成員宇宙之一。

這些想法聽起來既怪異而且難以置信。但是這些說法，難道會比首次有人指出，地球是在繞太陽公轉、太陽是銀河系裡1千億顆恆星之1，或銀河系只是宇宙裡1千億個星系之1來得更瘋狂嗎？

即使上面這些揣測有任何一個後來證實是真的，也完全不會改變我們成功在方程式中引用暗物質重力的事實，而我們原先就是用這些方程式，來了解宇宙的形成和演化。

其他不屈不撓的質疑者或許會說眼見為憑，而這種生活態度在很多方面，諸如：機械、釣魚或許約會上都很適用。而對事事講求目證的密蘇里州民來說，這種想法可能也很合拍。但是對科學研究來說，這並非好事；科學講究的是實測，而不是浮光掠影式的眼見，以免無法擺脫定見產生的包袱。而這裡所指的包袱，經常是先入為主的看法、後發先至的想法，和不折不扣的偏見。

＊　＊＊

經過四分之三世紀之後，在地球上直接量測暗物質的努力仍是一場空，不過尋找的工作還在持續。粒子物理學家很確信，暗物質是由形似幻影的待發現粒子所組成，而這類粒子與物質之間有重力作用，但與物質或光的其他交互作用，則很微弱或甚至沒有。如果你喜歡用物理題材來打賭的話，暗物質會是一個好標的。

世界上最大的粒子加速器，目前試著要在高能粒子互撞產生的碎片中，尋找暗物質的蹤影。而在地底深處，特別設計用來被動偵測暗物質的實驗室，也靜靜等著，看會不會有暗物質從太空遊蕩進來。這些設施之所以設置在地底下，是為了要濾除宇宙射線粒子，以免意外觸發偵測器的宇宙射線粒子，被錯認成是暗物質。

或許這些努力全都會白費掉，但像這麼難以偵測的暗物質粒子，倒是有前例可循。舉例來說，微中子雖然和一般物質的交互作用極微弱，但預測指出它應該存在，而後來也真的找到了。在太陽的核心，每次氫融合產生1顆氦原子核的同時，也會產生2顆微中子。而這個大量的微中子流，完全不受阻擾，立即穿透太陽並以光速通過真空，然後視地球如無物般直穿而過。

以數量來說，不管是白天或黑夜，在你每1平方公分的體表上，每1秒都有150億顆太陽微中子穿過，但它們完全不會和你身體內的原子發生交互作用。雖然微中子難以捉摸，不過在某些特殊的情況下，還是可以讓它停下來。如果你能讓粒子停下來，就偵測到它了。

暗物質粒子可能會在同樣極罕見的交互作用下現身，而或許會更令人驚訝，它可能表現出其他種類的力，亦即非強核力、弱核力和電磁力。上面說到的這3種力和重力，一同組成了宇宙的4種基本力，仲介了所有已知粒子之間的交互作用。所以暗物質粒子特性的選項相當明確：要嘛暗物質粒子有尚待我們發現的新種類作用力，規範它們如何交互作用，不然就是暗物質粒子是透過正常的力交互作用，只是強度微弱到難以想像。

總結來說：暗物質的效應是真的，只是我們不了解暗物質到底是什麼而已。暗物質看似不會透過強核力進行交互作用，所以無法參與原子核的製造。它不會透過弱核力進行交互作用，所以不可捉摸的微中子具有的特性它也沒有。它看似不會透過電磁力進行交互作用，所以無法參與製作分子，聚集成暗物質團。此外，它也不會吸收、發射、反射或散射光。而如本章開頭時說的，暗物質的確會發出重力並用重力與一般物質交互作用。但也僅僅是這樣而已。這麼多年來，我們還沒發現它有其他的交互作用。

所以在目前，我們也只能不情不願的把暗物質帶在身邊，把它當成看不見的怪異朋友，當我們需要它才能了解宇宙時，就把它拿出來舞弄一番。

Monoceros
Ursa Minor
Corona Borealis
Serpens Caput
Lunx
Camelopardalis
Libra
Hydra
Vela
Cepheus
Perseus
Ophiuchus
Lupus
Crux
Carina
Puppis
Norma
Centaurus
Hercules
Circinus
Lyra
Musca
Triangulum Australe
Cassiopeia
Serpens Cauda
Sagittarius
Taurus
Chaemeleon
Scorpius
Lyra
Cygnus
Aquila
Octans
Lepus
Ara
Scutum
Dorado
Telescopium
Apus
Columba
Triarigulum
Lacerta
Delphinus
Equuleus
Capricornus
Indus
Corona Australis
Hydrus
Volans
Orion
Aquarius
Tucana
Aries
Pavo
Pisces Australia
Pictor
Reticulum
Pegasus
Pisces
Sculptor
Lacerta
Cetus
Serpens Cauda
Grus
Phoenix
Norma
Ursa Major
Leo Minor
Telescopium
Leo
Crux
Ursa Major
Canes Venatici
Coma Berenices
Leo Minor
Auriga
Crater
Cancer
Lunx
Virgo
Canis Minor
Draco
Bootes
Corvus

6.
神祕的暗能量

就像是怕你的煩惱還不夠多似的，近數十年來，科學家發現宇宙有源自真空，且會拮抗宇宙重力的神祕壓力。而這種「反重力」在這場宇宙拔河大戰中，最後會勝出，迫使宇宙加速擴張，而且速率會持續以指數增加。

而二十世紀物理裡最令人暈頭轉向的這些觀念，全都是愛因斯坦招惹出來的。

愛因斯坦是幾乎不進實驗室的科學家，因此不會去實測各種現象或使用複雜儀器。他是理論科學家，以擅長進行「想像實驗」著稱；而在想像實驗裡，你用假想的情況或模型去檢視大自然，看在某些物理原理的規範下，會產生哪些結果。

在第二次世界大戰前的德國，大部分的亞利安科學家認為，實驗物理要比理論物理高等。猶太物理學家都被劃進低等的理論學家圈子裡，等待自生自滅。不過這個圈子後來的成就，絕對可稱得上是驚天動地。

對愛因斯坦來說，如果物理學家建構的模型是要代表整個宇宙，那麼這個模型的運作等同於是宇宙的運作。觀察者和實驗學家於是可以走出戶外，去找模型預測的現象。如果模型有誤或理論學家的計算有誤，觀察者就會發現，模型預測和真實宇宙現象有差異。而這種結果也提示了理論學家該從頭開始：要嘛調整舊模型，要嘛打掉重練。

科學家曾經建構過的理論模型中，要論最強大和影響力最深的，前面提到的愛因斯坦廣義相對論一定名列其中。在熟悉廣義相對論的圈子裡，通常會以GR來簡稱它。發表於1916年的廣義相對論，提出了數學架構來描述在重力的影響下，宇宙中的物體會如何運動。

每隔幾年，就會有實驗科學家設計更精確的實驗來檢驗廣義相對論，實驗結果卻反而常常會拓展廣義相對論的適用範圍。愛因斯坦的這種精采知識本質，最佳現代範例出現在2016年，當時特別設計用來偵測重力波的觀測設施✢，真的偵測到了重力波。這些由愛因斯坦預言的波，是以光速傳播的時空結構漣漪，源頭則是黑洞互撞合併後，產生的劇烈重力擾動。

更重要的是，觀測與預言完全吻合；偵測到的第一例重力波，是由13億光年外的兩顆黑洞互撞產生的，而在那時，地球上還只有單細胞生物。重力漣漪往空間的四面八方傳播時，地球要再過8億年，才會演化出型態複雜的生命，包括有花植物、恐龍、飛禽和脊椎動物分支之一的哺乳類。

其中隸屬於哺乳動物的靈長類，更發展出了大腦額葉，以及和它相匹配的複雜思維能力。靈長類的一個分支後來發生基因突變，發展出語言能力，這個稱為智人的族群，更在最近的1萬年之中，發展出農業、文明、哲學、藝術和科學。最後，二十

✢ 正式名為雷射干涉重力波天文台（LIGO）的偵測儀，有完全相同的兩部，分別設置在美國華盛頓州的漢福德和路易斯安納州的利文斯頓。

世紀的一位科學家全憑個人智慧，發明了相對論並預言了重力波的存在。之後經歷了百年，能夠偵測這種波的科技，才終於在這些重力傳達到的數天前發展出來，在這些傳播了13億年的波通過地球時，成功予以偵測。

沒錯，愛因斯坦真的很猛。

* **

大部分的科學模型在剛提出來時都並不成熟，有不少迴旋空間可進行參數調整，以與已知的宇宙更為吻合。舉例來說，十六世紀時由數學家哥白尼提出的日心宇宙模型指出，行星的公轉軌道是完美的圓。其中行星繞太陽公轉之說是正確的，而且相較於地心宇宙模型是重大突破，但圓形行星軌道之說則有些偏頗。真實的行星軌道是壓扁的圓（橢圓），而且嚴格的說，橢圓軌道也只是實際上更複雜軌跡的近似而已。哥白尼的基本想法是正確的，這才是最重要的，這個模型只是需要略加調整，讓它更精確而已。

然而在愛因斯坦的相對論裡，整個理論植基的基本原理，要求所有現象必須與預測相符。愛因斯坦建構的理論，只用寥寥幾條簡單假設撐起來，因此看起來很不牢固，似乎一推即倒。確實，愛因斯坦在知道1931年那本《一百個作者反對愛因斯坦》+的著作後，他的回應是：如果理論是錯的話，只要一個人反對就夠了。

不過愛因斯坦在其中種下的種子，後來倒真的發展成科學史上最迷人的失誤之一。在愛因斯坦的新重力方程式裡，有以希臘大寫字母Λ（lambda）代表，稱為宇宙常數的一個項。他引進這個在數學上可有可無的宇宙常數，是要用來描述靜態宇宙。

我們的宇宙除了存在之外還會有其他行為，在當年是遠超出任何人想像的。所以在愛因斯坦的宇

+ 德文書名《*Hundert Autoren Gegen Einstein*》。

宙模型裡，Λ 唯一的作用是用來反抗重力，讓宇宙維持平衡，以免宇宙在內部重力的吸引下縮成一小團。引進了宇宙常數之後，愛因斯坦建構出了一個不擴張也不收縮，符合大家期望的宇宙。

不久之後，俄國物理學家弗里德曼（Alexander Friedmann）提出數學證明，指出愛因斯坦加了宇宙常數的宇宙，雖然平衡但不穩定。這個宇宙搖搖欲墜懸的落在擴張和塌縮的交界上，酷似停在山尖上的球，稍有擾動就會滾下左側或右側的邊坡，也酷似以筆尖站立，朝不保夕的鉛筆。除此之外，在愛因斯坦的嶄新宇宙模型裡，方程式的分項有名字並不代表它就會是真的，愛因斯坦本人也心知肚明，Λ 代表的反重力，在物理宇宙中並沒有已知的對應量。

✶

愛因斯坦的廣義相對論與先前的重力理論截然不同。廣義相對論完全拋棄了牛頓重力理論的超距作用觀點（其實牛頓本人對超距作用，也不全然認同），廣義相對論認為物體感受到的重力，其實是反映了其他質量或能量場造成的局部時空曲率。換句話說，質量的聚集會造成時空結構的扭曲（凹陷）。這些扭曲引導質量沿測地線✢運動，只不過我們通常稱這些彎曲的路徑為軌道。

二十世紀美國理論物理學家惠勒（John Archibald Wheeler）對愛因斯坦的想法做了一個很精闢的詮釋：物質告訴空間該如何彎曲，而空間則告訴物質該如何移動。✦

總結來說，廣義相對論裡有兩種重力。一種是我們熟悉的，地球和拋擲在空中的球之間的吸引力，或太陽和行星之間的吸引力。它也預言了另一種源自時空真空的神祕反重力壓。

✢ 測地線（Geodesic）是不必要的花俏字眼，它指的是在彎曲表面上兩點間的最短距離。在此處，它是指在四維時空結構上兩點間的最短距離。

✦ 我在當研究生時，修過惠勒的廣義相對論課程（我在這門課裡認識了我內人），他就時常在課堂上說這句話。

而Λ保存了愛因斯坦和當時物理學家強烈相信的靜態不穩定宇宙。不過把物理系統的一個不穩定態，說成是它的自然狀態，其實違反了科學信念。你不能宣稱整個宇宙剛好是特例，會永遠停留在這種不穩定平衡態。這樣的系統，在科學史上前所未見且無法想像，也因此吸引了所有人的目光。

過了十三年後就在1929年，美國天文物理學家哈伯（見第55頁）發現宇宙並不是靜態的，並取得很明確的數據指出，離銀河系愈遙遠的星系，退離的速率愈快；也就是說：宇宙在膨脹。愛因斯坦除了因宇宙常數無任何自然力可對應而深覺汗顏，也因為錯失了預言宇宙膨脹的機會而有些沮喪，就此完全放棄了宇宙常數Λ，並且說這是他一生中最大的失誤，接著把Λ從方程式中移除，相當是假設它的值是零。

我們以下例說明：假設A＝B＋C。如果你後來知道A＝10且B＝10，那A還是等於B加上C，只不過C現在的值是零，變成了這個式子不需要的量。

不過故事並未就此結束。之後的數十年之間，理論學家偶爾會把Λ再從地洞裡挖出來，看他們的想法在有宇宙常數的宇宙裡，會有什麼樣的結果。又經過了六十九年，在1998年，科學家再次把Λ挖出來，而且它從此就與我們長相左右，不再離開了。

因為在1998年初，兩個互相競爭的天文物理團隊都公布了震驚世人的重大發現。這兩個團隊是珀爾穆特（Saul Perlmutter）帶領的美國加州大學勞倫斯柏克萊國家實驗室團隊，以及施密特（Brian Schmidt）和黎斯（Adam Riess）共同領導的澳洲國立大學及美國約翰霍普金斯大學聯合團隊。這兩個團隊測量了數十顆觀測史上最遙遠的超新星，發現它們的亮度比起這類已研究得很透澈的爆炸恆星應有的亮度，要暗上不少。

要調節這種結果，要嘛是這些遙遠超新星的行為有異於近處的同類天體，或是它們的真實距離比廣為接受的宇宙模型定位的要遠上15%。而唯一能很自然的解釋，宇宙為何會有這種擴張加速行為的，是愛因斯坦的宇宙常數Λ。天文物理學家把宇宙常數上的陳年積塵撣去，放回愛因斯坦當初提出的廣義相對論方程式裡，方程式預言的宇宙狀態和現行觀測到的狀態就相吻合了。

✴ ✴✴

珀爾穆特和施密特研究的超新星，具有特定數量的可融合原子核。在某種極限內，每顆這種恆星爆炸的過程皆相同，也點燃等量的燃料，更在相同的時間內釋放相同的龐大能量，所以也具有相同的最大亮度。也因此，它們可以當成量尺（或稱為標準燭光），用來計算這種爆炸恆星所在星系的距離，適用範圍可遠及宇宙的邊緣。

標準燭光大幅簡化計算的難度，因為這種超

新星都具有相同的光度，很暗的就表示是在很遠的地方，亮的就較鄰近。只要測量它們的亮度，就可以知道它們離地球多遠，以及它們之間相距多遠。如果這類超新星的光度變化多端的話，單靠量測亮度，是無法知道它們的相對遠近的；因為亮度低的，可能是很遠的高光度超新星，也可能是鄰近的低光度超新星。

看起來好像很不錯。不過，要量測星系距離還有另一種方法：量測它們退離我們銀河系的速率，而這種退離是整個宇宙擴張的一部分。就如首先證實這個現象的哈伯說的，宇宙擴張使得較遙遠天體退離的速率，高於較鄰近的天體。所以只要量測星系退離的速率（這是相對簡單的工作），我們就可以找出星系的距離。

假如用這兩種久歷試煉的方法量測同一個天體，卻給出不同的距離，那一定有問題。要嘛超新星並不是好的標準燭光，或是經由量測星系遠離速率，建構出的宇宙膨脹速率模型有誤。

結果，的確是有問題。後來經過許多心存懷疑的研究人員反覆驗證，發現了超新星是很好的標準燭光。所以天文物理學家只能接受，宇宙擴張速率比他們想的還要快，星系的真實位置，也比根據它們退離速率定出的還要遠。而要解釋宇宙的超速膨脹，最簡單的方法是導入愛因斯坦的宇宙常數 Λ。

這也是首次有直接證據指出，宇宙裡有與重力作用方向相反的反重力，而這也是宇宙常數為何，以及它如何死而復生的故事。而突然化虛為實的 Λ，就此需要合適的名稱，於是暗能量從此在宇宙舞臺上粉墨登場，暗能量這個名稱也適當反映了宇宙常數的神祕性以及我們知識的短缺。珀爾穆特、施密特和黎斯就因為這項發現，名正言順分享了2011年的諾貝爾物理獎。

目前最精確的量測指出，暗能量是宇宙中最顯著的成分，占了宇宙所有質能總量的68%。暗物質則占了27%，而一般物質只占5%。

✳

我們四維宇宙的形狀，由宇宙中的物質與能量及宇宙擴張速率來決定。我們用來描述宇宙形狀的數學參數，是另一個在宇宙論中占有重要地位的大寫希臘字母Ω（omega）。

如果你把宇宙的質能密度，除以停止宇宙膨脹所需的質能密度（稱為臨界密度），得到的值就是Ω。質量與能量都會造成時空結構的翹曲或扭曲，所以Ω可告訴我們宇宙的形狀為何。

如果Ω小於1，宇宙的質量與能量少於臨界值，宇宙會永遠往四面八方擴張，形狀酷似馬鞍，上面二條原先是平行的直線會發散分開。

如果Ω等於1，宇宙接近平衡，但仍會緩緩膨脹下去；這種宇宙的形狀平坦，我們在高中學到的平面幾何在這種宇宙中將完全正確：平行線會永遠平行。

如果Ω大於1，宇宙的擴張會停止，然後接著收縮，上面的平行線會聚合，最後塌縮成宇宙起源時的熾熱火球。

自從哈伯發現宇宙在膨脹之後，任何觀測團隊量測的可信Ω值從未接近1。把他們望遠鏡能見到的質量和能量，甚至把外差所得暗物質含量都加進來，Ω的最佳觀測值上限都在0.3左右。所以觀測團隊都指稱，我們宇宙是開放的，未來會無止境的擴張下去。

在此同時，從1979年起麻省理工學院的物理學家古斯（Alan H. Guth）就和他的同行，對大霹靂理論提出修定，解釋在我們如今見到的宇宙裡，物質和能量的分布為何如此均勻，一舉解決了大霹靂模型無法解釋的幾個矛盾的宇宙現象。這個更新版大霹靂模型的另一個副產物，是可輕易解釋為何Ω值很接近1；不是1/2、2或1百萬，而是一定接近1。

幾乎所有的理論學家都贊同這種Ω值的規

範，因為它可以解釋可見宇宙的幾個大尺度性質。不過，它也產生了一個小問題，就是更新版大霹靂模型預測的物質和質量，是觀測值的3倍。不過，理論學家毫不猶疑的指出，這只不過是觀測學家做的觀測不夠認真。

把一切都羅列出來之後，可以看出可見物質只貢獻不到5%的臨界密度。那神祕的暗物質，貢獻度如何？它也列入了物質的計量，雖然至今仍沒人知道暗物質是什麼，但它對臨界密度一定有貢獻。暗物質的貢獻大約是可見物質的5倍或6倍。但是加總之後，仍然遠遠不足觀測值。在觀測學家不知所措之時，理論學家又說：「繼續找！」

兩方陣營都很自信是對方錯了，這狀況直到發現暗能量才有轉機。在把暗能量、一般物質、暗物質和一般能量都加總之後，宇宙的質能密度就非常接近臨界值了。於是，觀測學家和理論學家就都滿意了。

觀測學家和理論學家終於握手言歡，一笑抹去所有恩仇。兩方陣營都沒錯，就如理論學家斷言的，Ω 值的確很接近1。不過和觀測學家剛開始時的天真假設有異，即使把包括暗物質在內的所有物質貢獻全加總起來，還是無法讓 Ω 值接近1。因為現今宇宙中的物質含量，差不多就是觀測學家估計的那麼多而已。

而開頭之時，並沒有人預見宇宙有暗能量存在，也沒有人預見它會彌平兩方陣營的重大歧見。

* **

什麼是暗能量？沒人知道。目前大家想得到的是，暗能量或許是一種量子效應，源自空間的真空。真空其實並不空，真空內滿是喧囂鬧騰的粒子和它們的反物質粒子，這些粒子捉對此生彼滅，但存在的時間極短，我們因而無從偵測。這個轉瞬幻滅的特性，也為它們博得虛粒子的稱號。而用以了解微小世界的量子物理指出，我們必須認真看待虛粒子，因為隨著每一對虛粒子極短暫擠入空間中，它們會產生極小的向外壓力。

很遺憾的是，在估計這些短暫生成的虛粒子產生的「真空壓力」時，卻發現它們產生的排斥，比實驗測量的宇宙常數要大10^{120}倍以上！這個大得可笑的倍數，是科學史上理論和觀測之間的最大差異。

沒錯，我們目前不知何以為續。不過，這並不代表我們一無所知。因為暗能量並不是完全沒有理論基礎的虛幻之物。暗能量擁有堅實的基礎：愛因斯坦的廣義相對論和其中的宇宙常數Λ。不管暗能量的真實本質是什麼，我們已經知道怎麼去量測它，也知道如何計算它對過去、現在，以及未來宇宙的效應。

所以無庸置疑，愛因斯坦最大的失誤，是宣稱Λ是他的最大失誤。

✷

如今我們知道暗能量是真的，於是尋找暗能量的工作從此展開。目前已有數個滿懷雄心的天文物理學家團隊，使用地基望遠鏡和太空望遠鏡進行天體尺度與宇宙距離的測量。這類觀測可以測試，暗能量對宇宙膨脹歷史的詳細影響，得到的結果將會讓理論學家大忙特忙，因為理論學家正急著要挽回因暗能量計算失誤所失去的顏面。

除此之外，我們是否需要發展廣義相對論的替代理論？廣義相對論和量子力學的結合，是否需要大幅修正？或者，是否還有其他暗能量理論，有待尚未出生的天才來發明呢？

宇宙常數 Λ 和加速宇宙最突出的特點，是排斥力源自真空而非任何物質。隨真空的範圍增大，宇宙中的物質和一般能量的密度下降，Λ 對宇宙狀態的影響力，也就變得更加重要。更強的排斥壓造成更大的真空，而更大的真空也帶來更強的排斥壓，造成了宇宙無止境的以指數加速膨脹。

結果是，只要是和銀河系沒有重力連結的天體，就都是加速膨脹時空結構的一部分，會以愈來愈快的速率退離。夜空中目前可見的遙遠星系，最後會以高於光速的速率，消失到可見的視界外。這並不是說這些天體以高於光速的速率在空間移動，而是宇宙的時空結構帶著它們以這種高速率移動，所以並未違反任何物理定律。

在1兆年之後，住在我們銀河系裡的生物，將完全不知道有其他星系的存在。屆時我們可見的宇宙，只剩下我們附近的一些銀河系長壽恆星。而在這片星空後方，則是無止盡的黝黑虛空。

宇宙基本特性之一的暗能量，在最後將會阻礙未來世代的人類了解他們所面對的宇宙。除非這個世代散布在銀河系各處的天文物理學家，留下了詳細的紀錄並埋下1兆年期的精彩時光膠囊，否則末日後的科學家，對星系（宇宙中物質的主要結構）會全無所知，也無從了解我們宇宙精采歷程的關鍵階段。

我揮之不去的噩夢是：我們是否也失去了宇宙過去的部分歷史？宇宙史書上的哪部分被標誌了拒絕存取？理論和方程式裡應該存在，但卻消失不見的內容，是否會使得我們永遠找不到答案？

7.
元素週期表中見宇宙

有時候平凡無奇的問題，是需要對宇宙有很深入和廣泛的了解才能回答的。在中學的化學課裡，我問老師週期表上的元素是打哪來的。他說是來自地殼。我承認他說的算對，因為那的確是供應商原料的原始出處。然而，地殼裡的這些元素是打哪來的？答案一定和天文學有關，但要回答這個回題，會需要知道宇宙如何起源和演化嗎？

肯定需要！

在自然界中，只有3種天然元素是在大霹靂期間形成的，其餘的元素都是在恆星的高溫核心，以及恆星爆炸的餘燼中鍛造出來的，而後世代的恆星系統在納入這些豐富的元素後，才得以製造行星與人類。

在許多人的記憶裡，化學元素週期表是掛在高中化學教室或實驗室牆上的圖表，上頭排列了很多方框，框內寫著神祕難懂的符號。週期表主要是依照元素的化學行為，排列已知或尚待發現的元素，經常被當成是忘得愈快愈好的厭物，但它其實更應視為是人類文化的圖標，是人類在實驗室、粒子加速器和宇宙前沿，共同合作進行科學探索的見證。

然而，就連科學家偶爾也會把週期表當成是由作家蘇斯博士（Dr. Seuss）想出來的奇禽異獸動物園。不然的話，我們如何能相信有毒性、高化學活性，且軟到用奶油刀就可切開的鈉金屬，和臭不可聞、高毒性的氯氣混合後，會變成生物體不可或缺，名為食鹽的無毒化合物氯化鈉？此外，氫與氧也很妙，一種是爆炸性氣體，另一種是會促進猛烈燃燒的氣體，結合成的液態水，卻能用來澆息火焰。

在這些化學妄想迷霧中，我且挑出一些重要的宇宙元素，並以天文物理學家的觀點來介紹它們的由來。

* **

形成於大霹靂期間的氫，原子核只有一顆質

子，是最輕也最簡單的元素。在94種天然元素之中，氫占了人體所有原子數量的2/3以上，更占宇宙中所有原子數量的90%以上，在橫跨包括我們太陽系在內的不同尺度宇宙裡，也都是這個占比。而在大質量木星核心的氫，承受的壓力龐大到讓它變成導電金屬，散發出太陽系行星中最強的磁場。

氫是英國化學家卡文迪西（Henry Cavendish）1776年時在進行H_2O實驗時發現的；然而在天文物理學家眼中，卡文迪西的聞名之處是他精確算出地球的密度，讓後來的科學家能依他的計算，導出牛頓著名重力定律中的重力常數，並計算出地球的質量。

在太陽溫度高達1千5百萬度的核心裡，每一天中的每一秒，都有450萬噸的氫原子核在高速互撞融合成氦時，轉變成能量。

✷

氦是大家公認很容易買到的低密度氣體。若吸入氦氣，它會讓你的氣管和喉頭的振動頻率暫時提高，使你發出的聲音酷似米老鼠。氦是宇宙裡第二簡單和含量第二多的元素。雖然它在豐度上遠低於氫，不過它的豐度卻是宇宙其餘元素總量的4倍。

大霹靂宇宙論的支持證據之一，是它預測了：氦在宇宙任何區域都約占全部原子的10%以上，跟宇宙創生的那團混合得極均勻的原始火球，產生的氦比例相同。因為氫經過恆星內的熱核融合之後，也會形成氦，所以宇宙的某些區域可能輕易就會累積10%以上的氦，但從來沒有人發現銀河系當中，有任何區域的氦含量少於10%。

遠在地球實驗室發現與分離氦的之前三十多年，天文學家就在1868年日全食期間拍攝的太陽日冕光譜裡，找到了氦。所以氦（helium）的英文名稱，是根據希臘的太陽神（Helios）來命名的。在空氣中，氦的浮力是氫的92%，但沒有氫氣的易爆性，因此美國紐約梅西百貨每年感恩節大遊行使用的特色大氣球，都是以氦當充填氣體，所以在美國，梅西百貨公司是氦使用量第二多的團體，排名僅次於美國軍方。

＊ ＊＊

原子核有3顆質子的鋰，是宇宙第三簡單的元素。就像氫和氦，鋰也是形成於大霹靂期間；但與氦有別的是，鋰無法形成於恆星的核心，因為每一種已知的核反應都會摧毀鋰。大霹靂宇宙論的預測指出，在宇宙任何區域中，鋰占所有原子的比例不會高於1%。我們也真的沒在任何星系內，發現鋰的含量超出大霹靂宇宙論定出的上限。氦豐度的下限和鋰豐度的上限，提供了大霹靂宇宙論強而有力的雙重檢驗。

＊

碳分子的種類，多於其他所有元素分子種類的加總。碳形成於恆星的核心，然後被翻攪到表面，繼而大量散布到星系空間裡，成為宇宙中含量非常豐富的元素。也因此，如果要找適合化學及生命多樣性植基的元素，沒有比碳更合適的了。豐度略多於碳的氧，也是在恆星的核心中合成，然後藉由爆炸恆星的殘骸散布到宇宙中。在我們所知型態的生命體裡，氧和碳都是很重要的成分。

不過，我們所不知的生命型態會是什麼？可不可能是植基於矽元素？在週期表上，矽位在碳的下方，所以照理來說，它可以組合出和碳基分子類似的分子。不過碳還是會勝出，因為碳的豐度是矽的10倍。不過這並不能阻攔科幻小說作者進行狂想，同時也讓地外生物學家打起精神，用心想像我們找到的第一個矽基外星生命體，會是何種模樣。

鈉除了是食鹽的主要成分之外，目前還是美國城市街燈最常見的發光元素。鈉光燈比白熾燈亮，壽命也較長，不過二者都很快會被LED燈取代，因為以相同的功率來說，LED燈更亮也更便宜。最常見的鈉光燈有兩種：散發黃白光的高壓鈉燈，以及發出橘色光、較少見的低壓鈉燈。對天文物理學來說，所有種類的燈都會造成光害，不過低壓鈉燈危害最低，因為它造成的汙染很容易從望遠鏡觀測數據中去除。最鄰近美國基特峰國家天文臺的亞利桑納州土桑市，是社區合作的典範；這個大都會和當地的天文物理學家達成協議，把城內所有街燈都換成低壓鈉燈。

✳ ✳✳

地殼中有將近10%是鋁，不過我們的先祖和曾祖輩的人，都不知道有鋁這種元素。因為鋁的發現和分離在1827年才完成，而要到1960年代末葉，以鋁罐和鋁箔紙取代錫罐和錫箔紙之後（到現在，仍然有人稱鋁箔紙為錫箔紙），鋁製品才真正成為常見的家庭用具。鋁在打磨後，可以形成幾乎完美的可見光反射表面，也因此幾乎所有望遠鏡的反光鍍膜都選用鋁膜。

鈦的密度是鋁的1.7倍，但強度卻是鋁的2倍以上，而鈦也是地殼中含量第九多的元素。所以在需要輕重量、高強度金屬的場合裡（諸如軍用飛機零件和義肢），鈦就成為首選材料。

在宇宙的大部分區域，氧的數量比碳多。因此在碳都和氧結合形成一氧化碳或二氧化碳後，剩下的氧就會與其他元素（諸如鈦）結合。也因此，紅矮星的光譜裡，就有許多源自氧化鈦的譜線，而我們對這些光芒並不陌生，因為地球上，像星彩藍寶石和星彩紅寶石這些晶亮寶石，星芒的源頭就是來自夾雜在晶格裡的氧化鈦雜質。此外，望遠鏡圓頂的白漆也含有氧化鈦，因為它反射紅外光的效率很高，可以大幅降低積累在望遠鏡附近的熱。夜晚來臨打開圓頂之後，望遠鏡附近的溫度很快就和夜間的空氣達到平衡，讓恆星和其他天體的影像變得更加清晰澄澈。

鈦（Titanium）的英文名稱源自希臘神話中的泰坦巨人（Titan），和天體沒有直接關聯，不過土星最大的衛星土衛六，名字就叫泰坦（Titan）。

✶

從很多方面來說，鐵都算是宇宙中最重要的元素。大質量恆星會在核心製造從氦、碳、氧、氮到鐵等一系列的週期表元素。鐵原子核有26顆質子和數量至少和質子一樣多的中子。

鐵最奇怪的特性是，每顆核子具有的總能量低於其他元素，這導致一個很簡單的結果：如果鐵進行核分裂，它會吸收能量，如果進行核融合，也會吸收能量。別忘了恆星的職責是要產生能量，當大質量恆星開始在核心製造和累積鐵時，它們就離死期不遠了。恆星若缺乏主要能源，會在本身重量的擠壓下發生塌縮，緊接著就會發生反彈，形成超新星爆炸，在連續一個多星期當中，發光的亮度勝過10億個太陽。

✶ ✶ ✶

鎵是柔軟的金屬，它的熔點非常低，會像可可脂一般熔化在掌心中。除了可以用來進行空手熔金這種客廳炫技之外，天文物理學家對鎵並沒有什麼興趣，不過鎵也是偵測太陽微中子時，氯化鎵實驗的主要成分之一。在這個實驗裡，科學家監測地底下一大桶100噸重的氯化鎵液體，看其中是否有鎵原子核受到微中子碰撞，變成鍺原子核，並釋放出1顆X射線光子。長久未決的太陽微中子問題（指量測到的微中子少於太陽物理模型的預測），就是靠這種「地下望遠鏡」才獲得解決。

✷

鎝的所有同位素都具有輻射性，也因此在地球上根本找不到，目前只在有訂單時，才會由加速器加工製造。鎝（technetium）的英文名稱源自希臘字technetos，也就是「人造」的意思。我們目前還不完全明瞭，為什麼在某些紅矮星的大氣中可找到鎝。這本來也沒什麼大不了的，只不過鎝的半衰期只有2百萬年，遠遠短於這些紅矮星的生命期。

也就是說，鎝不是這些恆星與生俱來的元素，否則早就絲毫無存了。目前在恆星的核心，沒有任何已知的機制會產生鎝，再讓它再淩流到表面，讓我們能觀察到。而現在為了對此加以解釋，就出現了種種怪誕不經，而且在天文物理學界並未有共識的學說。

* **

銥、鋨和鉑是週期表上最重的3種元素。一小塊50立方公分體積的銥就超過1公斤重，因此銥是世界上最好的紙鎮材料之一，抵擋得住最強大的辦公室風扇。

此外，銥也是世界上最著名事件的鐵證；在全球各地著名的白堊紀到古第三紀地質層交界，都有形成於6千5百萬年前的薄薄銥層。而且不太意外的是，那期間所有體型比登機箱大的陸地物種全都滅絕了，包括傳奇的恐龍在內。

銥在地表很罕見，但在10公里大小的金屬小行星裡含量相對豐富。可能是有這樣的一顆小行星在撞上地球後，發生汽化，把所帶來的銥散到地表各處。所以不管以前你最鍾愛的恐龍滅族理論是什麼，來自外太空，和聖母峰大小相當的殺手小行星，一定要列在名單之首。

✷

我不知道愛因斯坦會怎麼想，但是在1952年11月1日，南太平洋的埃內韋塔克環礁進行了人類的第一次氫彈試爆，後來在輻射塵裡發現的一種未知元素，就取名為鑀（einsteinium），以向愛因斯坦（Einstein）致敬。而我倒是認為稱它為「末日元素」會更合適。

在週期表中，有10種元素的英文名稱是以繞行太陽的天體為名。其中，磷（phosphorus）之名源自希臘文的「發光物」，同時它也是金星的古名，意思是日出前出現在黎明天空中的啟明星。

硒（selenium）的英文名源自於希臘文的月亮

（selene）。會如此命名，是因為在採礦中，硒總是和元素碲混雜在一起。而先發現的碲（tellurium），是以拉丁文的地球（tellus）來命名的。

在1801年1月1日那晚，義大利的天文學家皮亞齊（Giuseppe Piazzi）在火星和木星之間的大間隙裡，找到了一顆繞太陽運行的新行星。為了保持行星以羅馬神祇為名的傳統，這顆天體就以農事女神之名命名為穀神星（Ceres）。而麥片類食物的英文為cereal，也是源自農事女神。在穀神星發現的當年，科學界頗為興奮，因此在穀神星發現後找到的第一個新元素，就命名為鈰（cerium），來向穀神星致敬。

兩年後，又在發現穀神星的大間隙內，找到另一顆繞太陽運行的天體，命名為智神星（Pallas），以紀念羅馬神話的智慧女神。而遵循前例，在發現智神星之後找到的第一個新元素，就跟著命名為鈀（palladium）。這種命名傳統在進行了數十年後就打住；因為在這段期間，在相同軌道區內又找到數十顆類似的天體。進一步的分析指出，這些天體遠比最嬌小的行星還要小。其實我們找到的是太陽系的新地帶，其中散布著細小凹凸不平的石塊和金屬塊。穀神星和智神星不是行星，而是小行星帶裡的小行星。目前發現的小行星，總數已有數十萬顆，比週期表上的元素要多出不少。

汞，俗稱水銀，是在室溫下能自由流動的金屬。汞（mercury）與太陽系中移動最快速的行星水星（Mercury）的英文名稱，都是以羅馬神話中的信使之神為名的。

釷（thorium）的英文名源自北歐神話中虎背熊腰的雷神（Thor）。在羅馬神話中，與其相對應的神祇是神王兼雷神朱庇特（Jupiter），而Jupiter也是木星的英文名字。哈伯太空望遠鏡也真的在木星極區湍動的雲層深處，觀測到大規模的放電現象。

該大嘆三聲的是，並沒人拿我最喜愛的行

星——土星[+]，來為元素命名。不過，天王星、海王星和冥王星都有以之為名的元素。

發現於1789年的鈾（uranium），英文名稱是為了向1781年由赫歇耳（William Herschel）發現的天王星（Uranus）致敬。鈾所有的同位素都不穩定，會自發衰變成較輕的元素，並釋放出能量。第一顆實際使用於戰爭的原子彈，就是以鈾為活性成分，並在1945年8月6日由美國投擲，燒毀了日本的廣島市。原子核擁有92顆質子的鈾，一般公認是體積最大的天然元素，不過在鈾礦脈裡，還是可以找到比鈾大的元素，不過含量極微。

如果天王星值得用來為新元素命名，那麼海王星（Neptune）也應該享有同樣的榮耀。不過，不像鈾是發現於找到天王星後不久，錼（neptunium）是直到1940年才在柏克萊加速器內發現的，比德國

+ 說真的，我最喜愛的行星是地球，然後才是土星。

天文學家加里（John Galle）依照法國數學家萊威利埃（Joseph Le Verrier）對天王星怪異軌道行為的分析，在所預測的位置找到了海王星，整整晚了97年。就像海王星在太陽系裡的軌道是在天王星外頭那樣，在週期表裡，錼的位置也在鈾的後面。

柏克萊加速器發現（更貼切的說法是製造）了許多不存在於自然界的元素，包括週期表上位在錼右側的鈽，而鈽（plutonium）是根據湯博（Clyde Tombaugh）在1930年於亞利桑納州羅威爾天文臺發現的冥王星（Pluto）來命名的。

冥王星的發現情況和在129年前發現穀神星時一樣，大家都大為振奮。冥王星是美國人發現的第一顆行星，而且在當時缺乏進一步數據的情況下，一般認它的大小和質量或許稍遜於天王星或海王星，但應該和地球相當。然而隨著對冥王星的量測愈來愈精確，測到的冥王星尺寸也愈來愈小，不過要到1980年代末葉，我們才真正確定冥王星的直徑。如今我們知道酷寒冰封的冥王星，是太陽系9顆行星中最小的。而且以嬌小出名的冥王星，甚至比太陽最大的6顆衛星都要小。就和當時的小行星一樣，後來在太陽系外圍找到了數百顆天體，軌道都和冥王星很類似。這除了指出冥王星身為大行星的日子已盡，也透露出先前未發現的柯伊伯帶彗星群，才是冥王星真正的歸屬。在這一點，你或許可以說穀神星、智神星和冥王星，都是靠詐欺才讓自己的名字溜進了週期表裡。

武器等級的不穩定鈽，是廣島核爆3天後，美國在日本長崎市上空引爆的原子彈主成分，這兩顆原子彈很快結束了第二次世界大戰。

前往太陽系外圍進行探索的太空船都裝有同位素熱電發電機，通常使用少量非武器等級的輻射性鈽為能源，因為太空船前往的地點陽光強度過低，太陽能板無法發揮功能。半公斤的鈽可以產生1千萬瓩的熱能，足夠給一顆白熾燈泡點上1萬1千年，或者提供一個人類同樣年份的能量所需，前提是如果人類能夠以核燃料為能源，不需要吃五穀雜糧的話。

✷ ✷✷

所以我們元素週期表的宇宙之旅，到太陽系邊緣和其後方之處告終。至今我仍然難以理解，為何許多人並不喜歡化合物，還有人常年推動食物禁用化合物運動。或許是化合物冗長的名字，讓人看了就覺得很危險，不過這該要怪化學家而不是怪罪化合物。我個人對宇宙到處都有的化合物，倒是覺得很自在，因為我最喜愛的恆星和我最好的朋友，都是由化合物建構而成的。

noceros
Ursa Minor
Corona Borealis
Serpens Caput
Lunx
Camelopardalis
Libra
Hydra
Vela
Cepheus
Perseus
Ophiuchus
Lupus
Crux
Hercules
Norma
Circinus
Centaurus
Carina
Puppis
Lyra
Serpens Cauda
Sagittarius
Musca
Triangulum Australe
Taurus
Cassiopeia
Lyra
Cygnus
Scorpius
Chaemeleon
Aquila
Ara
Octans
Lepus
Scutum
Dorado
Telescopium
Apus
iarigulum
Lacerta
Delphinus
Equuleus
Capricornus
Indus
Columba
Hydrus
Orion
Corona Australis
Aries
Aquarius
Volans
Tucana
Pavo
Pisces Australia
Pictor
Pegasus
Reticulum
Pisces
Sculptor
acerta
Cetus
Phoenix
Norma
Ursa Major
Serpens Cauda
Grus
Leo Mine
Telescopium
Leo
Ge
Auriga
Crux
Ursa Major
Canes Venatici
Coma Berenices
Leo Minor
Lunx
Crater
Cancer
Draco
Bootes
Virgo
Canis Minor
Serpens Caput
Corvus
Lunx
noceros
Ursa Minor
Corona Borealis
Camelopardalis
Libra
Hydra
Vela
Cepheus
Perseus
Ophiuchus
Lupus
Crux
Hercules
Norma
Circinus
Centaurus
Carina
Puppis
Lyra
Serpens Cauda
Sagittarius
Musca
Triangulum Australe
Taurus
Cassiopeia
Lyra
Cygnus
Scorpius
Chaemeleon
Aquila
Ara
Octans
Lepus
Scutum
Dorado
Telescopium
Apus
iarigulum
Lacerta
Delphinus
Equuleus
Capricornus
Indus
Columba
Hydrus
Orion
Corona Australis
Aries
Aquarius
Volans
Tucana
Pavo
Pisces Australia
Pictor
Pegasus
Reticulum
Pisces
Sculptor
acerta
Cetus
Phoenix
Norma
Ursa Major
Serpens Cauda
Grus
Leo Min
Telescopium
Leo
Ge
Auriga
Crux
Ursa Major
Canes Venatici
Coma Berenices
Leo Minor
Lunx
Crater
Cancer
Draco
Bootes
Virgo
Canis Minor
Serpens Caput
Corvus
Lunx
noceros
Ursa Minor
Corona Borealis
Camelopardalis
Libra
Hydra
Vela
Cepheus
Perseus
Ophiuchus
Lupus
Crux
Hercules
Norma
Circinus
Centaurus
Carina
Puppis
Lyra
Serpens Cauda
Sagittarius
Musca
Triangulum Australe
Taurus
Cassiopeia
Lyra
Cygnus
Scorpius
Chaemeleon
Aquila
Ara
Octans
Lepus
Scutum
Dorado
Telescopium
Apus
iarigulum
Lacerta
Delphinus
Equuleus
Capricornus
Indus
Columba

8.
球形萬歲

宇宙中除了晶體和破碎的岩石之外，很少有東西天生就帶著尖角。雖然形狀怪異的物體看似不少，但是從簡單的肥皂泡到整個可見宇宙，全都是球形，而這個球形物名單可是長得不得了。這是因為在所有的形狀中，球形是基本物理定律作用最容易造成的形狀。

物體呈球形的傾向如此強烈，以致於在進行想像實驗時，我們通常把明顯不是球形的物體當成球體，來取得對這物體的基本了解。簡言之，如果你無法了解物體的球型特例，就不能宣稱了解這物體的基本物理性質。

在自然界裡，球形是由各式各樣的力造成的，例如表面張力會讓物體在所有方向都向內收縮，把體積變小。肥皂泡一形成，肥皂泡液的表面張力，馬上在每一個方向擠壓包住的氣體，造就出最小的表面積。也因此，所有形狀的氣泡當中，球形最強壯，因為泡膜的延展最少也最厚實。

只要運用大一的微積分，就不難證明對固定體積而言，完美的圓球具有最小表面積。說真的，如果超級市場的運送箱和食物包裝盒全都是球形的話，每年單是省下的包裝材料費用就高達數十億美元。舉例來說，1.5公斤左右的超大盒裝喜瑞兒麥片，用半徑11公分的小巧紙板球就可以裝完。不過現實問題還是勝出，因為如果一不小心，裝食物的紙板球從貨物架滾落，就得在貨物架之間追著它跑了。

在地球上，製做軸承鋼珠的方法之一是經由機械加工，或讓定量的熔融金屬從長管的頂端下墜。這團熔融金屬的形狀會發生波狀變形，最後才穩定成球形，然而在撞到底部之前，它要有足夠的時間才能硬化。不過，繞行地球軌道的太空站上是無重狀態的，你在那裡噴出精確體積的熔融金屬，它們會乖乖停在空中，於是你有充足的時間讓金屬降溫硬化，等表面張力把它們塑成一顆顆完美圓球。

*　**

宇宙的大型天體，都受到能量和重力共同作用，聚成了球形。重力是全方位內縮的力，會讓物質聚集成團。不過，重力不一定永遠勝出，因為固態物質內部的化學鍵非常強。喜馬拉雅山脈能抬升得這麼高，就是因為地殼岩石的剛性能抗衡地球的重力。

不過在你因地球雄偉的山峰沖昏頭之前，要知道從最深的海溝到最高聳的山峰，高度差大約只有19公里而已。地球的直徑將近13,000公里，所以山峰和地球的對比，就像是渺小的人類匍匐在地表那樣，因此地球這個天體可以算是極為平滑的。

假使你有一雙宇宙無敵的超級大手，在拂過有高山與深海的地球表面時，觸感會像是摸過撞球檯上的光滑母球。也就是說，售價高昂的地球儀上，地表高聳山脈的突起是經過誇大的。這也就是為什麼從太空看地球時，雖然地球有山峰和低谷，而且在地軸方向也較扁，但看起來還是完美的圓球。

和太陽系其他天體上的大山相比，地球上的山脈其實微不足道。火星最高聳的奧林帕斯山，高達19,800公尺，底部則寬達800公里。相較之下，阿拉斯加的德納利峰只能算是鼴鼠丘了。

宇宙的造山處方極為簡單：天體的表面重力愈弱，山岳就愈高聳。聖母峰大約就是地球山峰高度的極限了，再高一些，它底部的岩層就會遭這座山的重量壓到變形。如果固態天體擁有的表面重力夠低，這麼一來，岩石的化學鍵能抗得住本身的重量，天體就可以有任意形狀。火星的馬鈴薯狀衛星火衛一與火衛二，就是很著名的非球形天體。地球上體重68公斤重的成人，在較大的火衛一（長約21公里）表面上，體重大約只有0.1公斤重。

在太空中，表面張力永遠會把小滴的液體聚成球體。不管在何處，如果見到了形狀很接近球的小型固體，你大可假設它是從熔融狀態冷卻而來的。

不過如果固態天體的質量非常大，那麼不管它的材質是什麼，重力一定都會把它塑成圓球。

在星系內，大質量的氣體團塊，可以聚成接近完美的氣體球，也就是恆星。不過，如果恆星太接近另一顆重力很強的天體，恆星的物質會受到掠奪，外形也會扭曲。所謂的「太接近」，是指太接近另一顆天體的洛希瓣。

洛希瓣是以十九世紀詳細研究雙星周圍重力場的數學家洛希（Édouard Roche）為名。理論上，兩個互繞的天體周圍會有稱為洛希瓣的啞鈴形球根雙瓣包圍。其中一個天體的氣態物質如果穿透了包裹面，就會掉向第二個天體。在雙星中，如果其中之一膨脹成紅巨星，外泛的物質流出了它的洛希瓣，就會發生這種情況。此時，紅巨星的外形，不再是球體而是像洋蔥頭。偶爾，雙星的成員之一是黑洞，這個黑洞就會因為剝食它的伴星而現了蹤。螺旋掉向黑洞的氣體，在從巨星泛流而出，穿過洛希瓣後，會因受熱達到極高的溫度，而在掉入黑洞消失滅蹤之前發生很明亮的（X射線）輝光。

✷

銀河系的恆星框出了一個扁平的大盤面。直徑與厚度比是1千比1的銀河盤面，遠比任何你找得到的方塊酥都要扁平；而如果真的要找代表物，可麗餅或墨西哥薄餅可能較貼近一些。

銀河系的盤面當然不是圓球，但最初卻有可能是。它如今扁平的外觀並不難理解，因為起初銀河系應該是一團緩緩轉動，同時正在塌縮的龐大球狀氣體。在塌縮過程中，這團氣體轉得愈來愈快，就像花式溜冰選手把雙手內縮來大幅升高轉速那樣。銀河系在自轉軸方向，很自然變得愈來愈扁，而在側邊則因為離心力隨轉速升高而變大，阻止了盤面塌縮。所以，如果軟麵做的麵糰寶寶是花式溜冰選手，快速自轉對他而言絕對是危險動作。

而在銀河星雲塌縮之前就已形成的恆星，會保有原有的大型俯衝式軌道。其餘的雲氣會成團掉向盤面，在盤面相撞並像熱棉花糖一樣相粘，而受限在盤面的這些氣體，後來造就了包括太陽在內的後世代恆星。目前銀河系既不塌縮也不膨脹，是成熟的重力系統，我們可以把在盤面上方和下方運行的恆星，看成是原始銀河球形氣體的骨架殘骸。

旋轉的物體通常會扁平化，所以地球的軸向直徑會比赤道直徑小；雖然兩者差別不大，只有0.3%左右，約42公里。不過，這是因為地球並不大，幾乎全是固體，而且轉得也不怎麼快。以24小時轉一圈來算，地球赤道上的物體移動的速率，每小時只有1,600公里。相較之下，像土星這顆自轉很快速的氣態巨行星，赤道轉動的速率是每小時35,200公里，因此它的軸向直徑要比赤道直徑少10%，用小望遠鏡就能看到這個差異。

扁平球更常見的名稱為扁橢球體，而軸向較長的球體稱為長橢球體。在日常生活中，漢堡和熱狗分別是這兩種橢球體極佳但有點極端的範例。我不知道你怎樣，但是我每次咬漢堡時都會想到土星。

* * *

我們可以從離心力對物質的效應，取得極端宇宙天體（例如脈衝星）的轉速資訊。有些脈衝星的轉速高達每秒1千轉，所以我們知道，它們的成分不會是我們日常生活常見的物體，否則早就分崩離析了。事實上，如果脈衝星再轉得快一些，例如每秒4,500轉的話，它的赤道就會以光速移動，而這也告訴我們，脈衝星的成分極不尋常。

想知道脈衝星的樣貌，你可以想像它是把太陽所有質量都塞進曼哈頓所形成的天體。如果這有些難以想像，下面的例子或許會容易一些：你可以想像把一億頭大象塞進一小管護唇膏內的景象。要達到這種密度，就要把所有原子裡，原子核的空間和繞行在周圍的電子所占空間全部移除。這樣做，等同於把帶負電荷的電子和帶正電荷的質子捏在一起，形成電中性的中子，也是就形成具有超級高表面重力的中子球。

在這麼強大的重力宰制下，中子星表面山脈的高度，會小於一張紙的厚度，但你要爬上這種山脈所需要花費的能量，會比攀岩高手在地球上爬上4,800公里高的懸崖還多。簡單的說，重力很強時，高峰常會塌毀填滿低谷；這種現象就像是《聖經》中描述，要為耶和華鋪路那樣：「一切山窪都要填滿，大小山岡都要削平，高高低低的要改為平坦，崎崎嶇嶇的必成為平原。」（以賽亞書40：4）如果宇宙真的有球體製作配方的話，這就是了。因為上面的這些原因，我們預期脈衝星會是宇宙中，最接近完美球體的天體。

✷

富星系團的整體外觀，透露了很多的天文物理資訊。有的星系團外觀破破爛爛，有些則伸展成長條狀，有的形成大薄片，都沒發展成重力偏好的穩定球形。有些星系團幅員過廣，在宇宙形成後長長的140億年期間，它們的成員星系都還沒能完成一次星系團穿越之旅。我們推論，這些星系團的外觀生來如此，因為星系之間重力互擾的時間，還不足以改變星團的形狀。

不過，我們在討論暗物質時看到的后髮星系團等系統，從外觀就可看出重力已經把星系團聚成球形。也因此，成員星系移動的方向很隨意，這種球形星系團的轉速不會太高，否則就像我們的銀河系一樣，也會出現扁平化。

后髮星系團也像我們的銀河系一樣，是成熟的重力系統。以天文物理學的術語來說，這種系統稱為弛緩系統，弛緩的含義很多，很幸運其中有一個含義是指，成員星系的平均速度是星系團總質量的良好指標，不管總質量是不是造成平均速率的源頭。

也因為這些原因，重力弛緩系統是偵測不發光暗物質的絕佳利器。且讓我做更強的論述：若不是有弛緩系統，無處不在的暗物質至今可能還沒被發現。

* **

整個可觀測宇宙就是球形之王，是所有球形中最大且最完美的。從每一個方向看出去，各星系都正離我們遠去，而速率正比於它跟我們的距離。就如我們在前幾章說的，這是哈伯在1929年發現的膨脹宇宙之最大特徵。

只要結合了愛因斯坦的廣義相對論、光速、膨脹宇宙和因此造成的質量和能量稀釋，我們在每一個方向都可以找到某個特定距離的星系，其退離速率剛好等於光速。超過了這個特定距離，天體發出的光在傳到我們這裡之前，就失去了所有能量。也就是說，這個球面外邊的宇宙完全不可見，而且也不為我們所知。

廣受歡迎的多重宇宙學說有許多版本，其中一個指稱，多重宇宙並非由完全分離的宇宙組成，而是由同一個連續時間結構上，一個個並無交互作用的獨立空間組成的。這酷似大海中的多艘船隻，因為相隔非常遠，所以它們的圓形地平面並沒有交集。就其中任何一艘船而言，在沒有其他更多資訊可供佐證下，都覺得自己是汪洋中的唯一船隻，雖然所有船隻其實都分享了同一片大海。

✴

也因此，球形將是幫助我們深入了解各種天文物理問題的有用理論工具，但我們也不能就此成為球形狂。讓我以半嚴肅半玩笑的「如何增近農場牛奶產量」的笑談為警例：針對這個問題，畜牧業專家或許會建議：「改進母牛的飼料……」，工程師或許會說：「改進擠奶機的設計……」，而天文物理學家卻說：「把母牛改良成球形如何？」

noceros
Ursa Minor
Corona Borealis
Serpens
Caput
Lunx
Camelopardalis
Libra
Hydra
Vela
Cepheus
Perseus
Ophiuchus
Lupus
Crux
Norma
Carina
Puppis
Hercules
Circinus
Centaurus
Lyra
Musca
Triangulum
Australe
Taurus
Cassiopeia
Serpens
Cauda
Sagittarius
Lyra
Chaemeleon
Cygnus
Scorpius
Aquila
Octans
Scutum
Ara
Lepus
Dorado
Telescopium
Apus
riarigulum
Lacerta
Delphinus
Equuleus
Columba
Capricornus
Indus
Corona
Australis
Hydrus
Orion
Volans
Aquarius
Aries
Tucana
Pavo
Pisces
Australia
Pictor
Pegasus
Reticulum
Pisces
Sculptor
Lacerta
Cetus
Ursa Major
Serpens
Cauda
Phoenix
Norma
Grus
Leo Mir
Telescopium
Leo
Auriga
Crux
Ursa Major
Canes Venatici
Coma
Berenices
Leo Minor
Lunx
Crater
Cancer
Canis Minor
Virgo
Draco
Bootes
Corvus
Serpens
Caput
Lunx
noceros
Ursa Minor
Corona Borealis
Camelopardalis
Libra
Hydra
Vela
Cepheus
Perseus
Ophiuchus
Lupus
Crux
Norma
Carina
Puppis
Hercules
Circinus
Centaurus
Lyra
Musca
Triangulum
Australe
Taurus
Cassiopeia
Serpens
Cauda
Sagittarius
Lyra
Chaemeleon
Cygnus
Scorpius
Aquila
Octans
Scutum
Ara
Lepus
Dorado
Telescopium
Apus
riarigulum
Lacerta
Delphinus
Equuleus
Columba
Capricornus
Indus
Corona
Australis
Hydrus
Orion
Volans
Aquarius
Aries
Tucana
Pavo
Pisces
Australia
Pictor
Pegasus
Reticulum
Pisces
Sculptor
Lacerta
Cetus
Ursa Major
Serpens
Cauda
Phoenix
Norma
Grus
Leo Mir
Telescopium
Leo
Auriga
Crux
Ursa Major
Canes Venatici
Coma
Berenices
Leo Minor
Lunx
Crater
Cancer
Canis Minor
Virgo
Draco
Bootes
Corvus
Serpens
Caput
Lunx
noceros
Ursa Minor
Corona Borealis
Camelopardalis
Libra
Hydra
Vela
Cepheus
Perseus
Ophiuchus
Lupus
Crux
Norma
Carina
Puppis
Hercules
Circinus
Centaurus
Lyra
Musca
Triangulum
Australe
Taurus
Cassiopeia
Serpens
Cauda
Sagittarius
Lyra
Chaemeleon
Cygnus
Scorpius
Aquila
Octans
Scutum
Ara
Lepus
Dorado
Telescopium
Apus
riarigulum
Lacerta
Delphinus
Equuleus
Columba
Capricornus
Indus
Hydrus

9.
看不見的光

就把它當成異鄉人般去歡迎吧。

赫瑞修，

天地間的事物，

遠超出你的夢想所能及。

——《哈姆雷特》第一幕 · 第五景

1800年之前，在英文裡，光除了可當動詞和形容詞，還是可見光的同義字。但是在1800年初，英國天文學家赫歇耳（William Herschel）見證了人類肉眼看不見的某種光所產生的現象。

赫歇耳當時已是卓有成就的觀測學家，早在1781年就發現了天王星（見第136頁），而1800年初時正在探索陽光、色光和熱之間的關聯。他把三稜鏡放在陽光通過的路徑上；這當然並不是新的作為，牛頓早在十六世紀就曾如此做過，因此發現了我們如今很熟悉的陽光七原色：紅、橙、黃、綠、藍、靛、紫。但是赫歇耳極為好奇，想知道每一種色光的溫度，他把溫度計放在不同色光的位置。而就如他懷疑的，不同顏色的光真的造成不同的溫度。✢

✢ 一直要到十八世紀中葉，天文學家才把物理學家常用的光譜儀應用到天文問題上，從此天文學家才真正演化成天文物理學家。備受尊崇的天文物理學期刊（*Astrophysical Journal*）創立於1895年，副標指出它是「由國際專家審稿的光譜學及天文物理學期刊」。

規畫完善的實驗通常需要對照組，而且你不會預期對照組會產生任何效應，而以此當成實驗的防呆機制。舉例來說，如果想研究啤酒對鬱金香有何影響，你會同時培養第二株完全相同，但只澆水的鬱金香，所以如果兩株鬱金香都被你養死了，你就不能說是酒精闖了禍，而這也正是對照實驗組的價值所在。

赫歇耳深知對照的重要，因此放了一根溫度計在可見光譜外，但靠近紅光的地方；他預期在這個實驗裡，這根溫度計最多只會量到室溫。不過結果出乎預期，對照組溫度計的讀數，甚至高於紅光之處。赫歇耳寫道：

> 我得到的結論是，正紅光落下之處還不是最大熱量所在，最大熱量可能位在稍超出可見光之外。在此例中請容許我這麼說，輻射熱是可見光的部分或主要成分。也就是說，來自太陽的

光線，至少有一部分是我們視覺看不到的。✢

太讓人驚訝了！

赫歇耳在無意間發現了紅外光，他找到了光譜中，位在紅光之下的全新區域，而這篇報告也是關於此題材的四篇論文中的第一篇。赫歇耳的發現對天文學的影響，可以跟雷文霍克（Antonie van Leeuwenhoek）在一小滴的湖水裡，發現了「許多不停游動的微型動物」✦相提並論。雷文霍克找到了由單細胞生物組成的生物宇宙，赫歇耳則找到了新形態的光，而這兩者都隱藏在眾目睽睽之下。

其他的研究者馬上接續赫歇耳的工作。德國物理學家暨藥學家里特爾（Johann Wilhelm Ritter）在1801年找到了另一個不可見光帶。只不過這次不

✢ 摘自William Herschel, "Experiments on Solar and on the Terrestrial Rays that Occasion Heat," *Philosophical Transactions of the Royal Astronomical Society*, 1800, 17.

✦ 引自雷文霍克在1676年10月10日，給倫敦皇家學會寫的信。

是使用溫度計，而是在每種色光及可見光譜中的紫光左側暗區裡，都放置了小堆的光敏氯化銀。果不其然，看似沒有照光的氯化銀堆暗化的程度，勝過放在紫光裡的。於是紫光外頭的光就稱為「紫外光」，現在我們常以英文簡稱為UV。

在整個電磁波頻譜上，從低能量低頻率的光到高能量高頻率的光，分別為無線電波、微波、紅外光、可見光、紫外光、X射線和伽瑪射線。我們如今生活的現代文明，已很靈巧的為每一個電磁波段的光，找到難以數計的日常及工業應用，讓我們完全熟知了這些光。

✳ ✳✳

我們在發現了紫外光和紅外光之後，並沒有立即把它們用在天文觀測上，而是等到130年後，才設計出在不可見的電磁波段進行觀測的望遠鏡。這時，無線電波、X射線和伽瑪射線等，早已由人發現了，而且德國物理學家赫茲（Heinrich Hertz）也早就證明了不同波段的光之間，真實的差異只在頻率（每秒振動多少次）。而由於是赫茲首先意識到電磁頻譜的存在，為了紀念他，包括聲波在內所有的振動頻率，單位都叫做赫茲。

有點令人費解的是，天文物理家很後來才想到，可以利用新發現的不可見光帶建造望遠鏡，去觀測宇宙中的輻射源。當時偵測器科技尚未完備當然是重要原因，不過人類的傲慢也要承擔部分責任，因為人類認為：宇宙怎麼會發出我們神奇肉眼看不到的光？從伽利略到哈伯的年代，在這超過三個世紀的期間，製作望遠鏡的目的只有一個：補捉可見光，以補強我們肉眼的不足。

望遠鏡只是用來強化人類微弱的視力，讓我們能看到遠處的天體。望遠鏡愈大，看到的天體愈暗；鏡面的形狀愈完美，獲得的影像愈清晰，觀測的效率也愈高。不過，不管這些望遠鏡的口徑大小為何，望遠鏡傳送給地球上天文物理學家的所有資訊，都在可見光波段。

然而，天體展現的現象，不會只局限在人類視覺方便觀測的可見光波段。天體發出的光，經常會在多個波段同時發生變化。如果望遠鏡和偵測器沒法在所有波段都進行觀測，天文物理學家就會錯失許多發生在宇宙中的有趣事件。

就以恆星爆炸產生的超新星現象為例。宇宙中很常見的這種極高能量事件，除了會產生很大量的X射線輻射，有時在爆炸發生的同時，也會出現伽瑪射線爆發和紫外光亮閃，當然更少不了從來就不曾缺席的可見光。超新星在爆炸氣體降溫、衝擊波消散和可見光變暗良久後，「遺骸」在紅外光波段仍然很明亮，並會發出無線電波段脈衝，這也正是宇宙最穩定的時鐘——脈衝星的由來。

恆星爆炸大多發生在宇宙深處的星系之內，但如果銀河系裡的恆星發生爆炸，它的死亡掙扎會明亮到，不需要望遠鏡就能看到。不過，在最近兩次

（西元1572年和1604年）發生在我們銀河系內的超新星事件中，地球上並沒有人看到它們發出的X射線或伽瑪射線，雖然它們明亮的可見光廣為周知。

每一個電磁波段的組成波長（或頻率）範圍，都會深深影響用來偵測它們的硬體設計。而這也就是為什麼沒有單一望遠鏡和偵測器，能同時見到這種恆星爆炸的所有特徵。

要克服這種難題的方法之一，是整合所有天文學家在不同波段針對此天體進行的觀測，然後用可見光的色澤，把有興趣研究的不可見光波段上色，產生多波段合成的虛擬影像；這也是電視影集「星艦奇航記：銀河飛龍」裡的鷹眼（Geordi La Forge），用來產生視覺的方法。如果你能擁有這麼強大的視覺，就再也不會錯失任何景觀。

你要先選定想用來觀測天體的波段，再考慮使用的鏡面尺寸、建造材料、鏡面的形狀和所需要的偵測器。以X射線波段為例：它的波長很短，如果你要蒐集X射線，就要用極平滑的鏡面，否則鏡面缺陷會造成影像扭曲。然而如果你要蒐集無線電波，用鐵絲網來建鏡面就夠好了，因為鐵絲網的高低起伏，遠小於無線電波的波長。當然你也希望取得的影像細節分明，有很高的解像力，也因此在經費許可下，鏡面要愈大愈好。簡單的說，望遠鏡的口徑要遠遠超出要偵測的光波長，而最明顯的範例無疑是無線電望遠鏡。

✷

無線電望遠鏡是人類建造的第一種非可見光望遠鏡，是天文臺中非常引人矚目的次特殊種類。第一部成功的無線電望遠鏡，是美國工程師顏斯基（Karl G. Jansky）在1929年到1930年間建造的。這部望遠鏡看起來像無人牧場裡的可移動灑水系統；用交叉木架固定住一系列的高大長方形金屬框，然後整個結構再架在以福特T型車備胎輪為轉輪的可旋轉平臺上。顏斯基調整這百餘公尺長的玩意兒，

讓它量測大約15公尺的波長，對應的頻率為20.5百萬赫。✢

顏斯基為貝爾實驗室工作，建造這套設備是要研究地球無線電波源產生的嘶聲，因為它們可能汙染地球的無線電通信。顏斯基的這項工作很酷似三十五年後，貝爾實驗室指派給潘佳斯和威爾森尋找微波雜訊的工作（見第57頁），這兩人因此意外的發現了宇宙微波背景。

顏斯基用這套拼拼湊湊的設備，在兩年期間仔細追蹤和記錄靜態的嘶嘶聲，發現它們除了會來自當地的雷暴系統和其他已知的地球輻射源，也會來自我們銀河系的中心。銀河中心所在的區域，每23小時56分就會旋入這部望遠鏡的視野裡；這正好是從太空見到的地球自轉週期，也是銀河中心在地球

✢ 所有的波都遵守很簡單的方程式：速率＝頻率×波長。速率固定時，增加波長會造成頻率下降，反之亦然，如此兩波長與頻率的乘積才能保持定值。這個方程式適用於所有的行進波，包括光波、聲波和體育競賽場上觀眾跳波浪舞時舞出的波。

天空中回到相同方位和仰角所需要的時間。顏斯基把觀測結果寫成論文發表，標題為〈來自地外輻射的電磁干擾〉。

這項觀測也標誌了無線電天文學的誕生，只不過顏斯基無緣再參與。貝爾實驗室給了他新任務，致使他無法再追求他一手開創的新局。

不過數年後，住在美國伊利諾州惠頓市的雷伯（Grote Reber），在自家後院建造了一部10公尺口徑的金屬碟面無線電望遠鏡。他不是因為受雇於任何人，而是自發在1938年證實了顏斯基的發現，更在接下來的五年當中，製作了數幅低解析度的無線電天空圖。

以現在的標準來看，雷伯前所未見的望遠鏡既小又粗糙。現代的無線電望遠鏡是全然不同的東西，在不受後院的限制下，它們有時可以長成龐然大物。座落在英國曼徹斯特附近的卓瑞爾河岸天文臺，在1957年開始利用MK1進行觀測，而MK1擁有可操控76公尺口徑鋼製單碟面，是地球第一座真正的大型無線電望遠鏡。在MK1開始觀測的兩個月後，蘇聯發射旅伴號衛星，而卓瑞爾河岸天文臺的天線碟正好可以追蹤這顆軌道小衛星，這使它成了現今深空探測網的先驅，深空探測網是用來追蹤行星際太空的探測器。

現在世界上最大的無線電望遠鏡位在中國的貴州省，完工於2016年。這是一部500公尺口徑球面射電望遠鏡（簡稱FAST），碟片的面積比三十個足球場還大。如果外星人真的想和我們聯絡，中國人會第一個知道。

* **

干涉儀也算是另一種無線電望遠鏡。它由在鄉間排列成陣、彼此以電子網路連結的多座相同天線碟組成，這些天線碟聯合起來，可以產生超高解像力的無線電輻射源影像。遠在速食業流行超級餐之前，超級望遠鏡早就是天文界不成文的座右銘，無線電干涉儀更是其中自一格的超大型設備。

範例之一為在美國新墨西哥州索科羅沙漠平原的特大天線陣（VLA），它由27座分布在35公里長鐵軌上的25公尺口徑碟面組成。這座天線陣看來真像是宇宙飛來之物，因此多次成為電影背景畫面，包括1984年的「威震太陽神」、1997年的「接觸未來」及2007年的「變形金剛」。此外還有全世界無線電望遠鏡中最高解像力的特長基線陣（VLBA），它的基線長達8,000公里，從夏威夷綿延到維京群島，由10座25公尺天線碟組成。

微波波段的觀察對干涉儀來說是相對新的任務，但我們有在智利北部遙遠安地斯山上的阿塔卡瑪大型毫米波陣列（ALMA）來進行這項任務。ALMA涵蓋的波段從1毫米到數公分，給了天文物理學家無法在其他波段得到的天文現象高解析影像，例如恆星誕生氣體雲發生塌縮，形成恆星育嬰室時的結構。ALMA之所以座落在地球上最乾旱之地，標高4,800公尺的高原上，是為了避開地球潮溼的雲層。水雖然有利於食物烹飪，但對天文物理學家卻是嫌惡之物，因為水會吸收來自銀河及後方宇宙的太初微波訊號。

水和微波關係緊密，因為水是食物最常見的成分，微波加熱食物主要是在加熱水。可想而知，水會吸收微波。因此如果你要得到清晰的天體影像，必須像ALMA那樣，想辦法減少望遠鏡與宇宙之間的水蒸氣含量。

✷

電磁波譜的極短波長這端，有高頻率、高能量，波長在皮米✢等級的伽瑪射線。伽瑪射線發現於1900年，但要等到1961年美國航太總署在探險家11號衛星上部署了一部新型望遠鏡，才發現太空中也有這類輻射源。

✢ 皮米為1兆分之1公尺。

科幻電影看太多的人都知道，伽瑪射線對人體不好，照太多伽瑪射線，可能會變成皮膚泛綠的巨人或手腕射出蜘蛛絲的怪咖。不過要偵測伽瑪射線的難度不低，因為它們會輕易穿透一般的鏡片和鏡子。那麼要如何才能偵測到它們？探險家11號衛星的望遠鏡有稱為閃爍偵測器的心臟，這顆心臟遇到伽瑪射線時，會產生帶電粒子，經由量測這些粒子的能量，就能知道是哪種高能量光產生了這些粒子。

兩年後，也就是1963年，蘇聯、英國和美國簽訂了「部分禁止核試驗條約」，禁止進行水下、大氣和太空核試驗，以防核落塵和核汙染散播到簽署國的境外。不過在冷戰期間，各國間的互信很低，誰也不相信誰。所以美國軍方就採取「信任但也要查證」的態度，部署了全新系列的船帆座衛星來監控蘇聯是否有伽瑪射線爆發，因為只要進行核試爆，就會產生伽瑪射線爆發。

這系列的衛星，果然幾乎每天都會偵測到伽瑪射線爆發，不過這完全跟蘇聯無關。這些輻射源位在外太空，後來更發現它們是宇宙各處偶爾會發生的強烈恆星爆炸之標誌，從而催生了天文物理學的新領域——伽瑪射線天文學。

1994年，美國航太總署的康普頓伽瑪射線天文臺有了和船帆座衛星類似的意外偵測，發現地球表面也經常會出現伽瑪射線輻射。發現者很理智的稱之為「地球伽瑪射線亮閃」。

難道地球即將發生核浩劫？因為你仍活著，且正在讀這個句子，所以很明顯答案是否定的。並非所有伽瑪射線爆發的危害性都一樣，也並非都來自外太空。康普頓天文臺發現，地球雷暴系統的上層每天至少會產生五十多個伽瑪射線亮閃，通常出現在正常的雲對地閃電發生之前。它們的成因仍是個謎，但目前最可信的說法指出，極可能是雷暴雲把自由電子加速到接近光速，這種高速電子和地球大氣原子的原子核互撞時，就產生了伽瑪射線。

* **

目前望遠鏡觀測的範圍包含了電磁波譜的所有不可見波段，有些望遠鏡從地面進行觀測，但大部分從太空進行觀測，因為從太空進行觀測可以避免不可見光受到地球大氣的吸收。

我們目前觀測各種宇宙現象，使用的波長介於十餘公尺的低頻無線電波，到波長不到千萬億分之一公尺的高能伽瑪射線的廣大範圍。而這些不同波段的光，讓我們有了數不盡的天文物理發現。

想知道在星系內，到底有多少氣體散在星際空間？無線電波望遠鏡最適合這項工作。

若沒有微波望遠鏡，我們不會知道有宇宙微波背景，也無從真正了解宇宙大霹靂之說。

想觀看星系雲深處的恆星育嬰室？那就請多關注紅外光望遠鏡的觀測。

想探索一般黑洞和位在星系核心的超大質量黑

洞發出的輻射？紫外光和X射線望遠鏡會是最好的工具。

想觀看質量高達太陽四十倍的巨星產生的高能爆炸？用伽瑪射線望遠鏡來偵測準沒錯。

自赫歇耳的不可見光實驗以來，我們已有長足的進步，不再宥於皮相，而能深入探索宇宙的真實本質。赫歇耳如果有知，當深深引以為傲。在我們能夠看見「不可見」之後，才真正擁有能和無垠宇宙匹配的視野，這些跨越空間及時間的各種炫目天體及現象，如今已是我們夢想所能及的事物了。

10.
行星之間有什麼

從遠處看過來，我們的太陽系彷彿空空如也。如果你用圓球包住太陽系，這圓球大到能容下行星中最外圍的海王星✢軌道；那麼太陽、所有行星和它們的衛星占住的體積，只比圓球體積的1兆分之1要多一點點。不過，太陽系也並不是真的如此空曠，行星之間的空間還有許多岩塊、小圓石、冰球、塵埃、成群的帶電粒子和多艘在遠方飛航的探測船。除此之外，太陽系空間裡，也到處都是強大的重力場和磁場。

行星際空間其實雜物繁多，所以我們的地球以每秒30公里的速率在軌道上行進時，每天都會掃起數百噸的流星體，其中尺寸多半小於沙粒。這些流星體高速衝撞地球大氣產生的熱，會造成它們的表面汽化，於是大部分直接焚毀在地球的高層大氣裡。地球脆弱的物種有賴於這層大氣保護罩，才得

✢ 太陽系最外圍的行星不再是冥王星了，請接受這個事實。

以繁衍演化。較大的流星體，除了表面會被燒焦，基本上會相當完整的抵達地球表面。

你或許認為經過了46億次的繞行太陽之旅之後，地球應該已經清掉了軌道上的所有碎片，但答案是：還沒有。不過和地球過去的遭遇比起來，現在的情況顯然大有改善。大約在太陽和行星形成5億年之後，有多到難以想像的碎片不停掉落到地球上，產生的撞擊熱不斷累積，導至大氣熾熱無比，地殼也完全熔融。

其中一顆非常大的碎片，導致了月亮的形成。在分析阿波羅探月計畫太空人帶回來的樣本後，發現月球的鐵和較重元素的含量意外的少，這表示火星大小的迷途原行星和地球發生擦撞後，那些從地球缺鐵的地殼和地函迸發出去，繞著地球運行的碎片，後來可能聚合成我們低密度的美麗月亮。

除了這個特別重大的事件，嬰孩時期的地球經歷的重轟炸期並不獨特，因為太陽系的其他行星和大型天體也都經歷過。大家也都受到類似的重大破壞，不過只有缺乏大氣的月球和水星，大致保存了這個時期的撞擊紀錄。

太陽系不但受到形成時留下的廢料撞擊，在近行星際空間裡還散布著火星、月亮和地球受到高速撞擊後，從表面彈出的大大小小岩石。流星體撞擊的電腦模擬證明，撞擊區附近的表岩噴飛的速率，高到可以掙脫天體的重力束縛。我們從地球上火星隕石的發現率，可以推斷出每年約有1千噸的火星岩石掉到地球上；而每年或許也有大約等量的月岩掉到地球上。回想起來，我們其實用不著特地飛到月球去拿月球岩石，地球上就多得是。只不過，我們沒辦法挑精撿瘦，而且在阿波羅計畫年代，我們也不知道有這回事。

＊ ＊＊

大部分太陽系的小行星分布在火星與木星間，形狀扁平的小行星主帶上。在傳統上，小行星的發現者有命名權，高興用什麼來命名都可以。通常在畫家描繪的圖示裡，小行星帶是太陽系盤面上一個散布著凌亂崎嶇岩塊的區域。

小行星帶的總質量不到月球質量的5%，月球的質量則只比地球的1%要多一點點而已。雖然小行星的質量不大，但它們的軌道不斷受到擾動，因此形成了一群大約數千顆特別危險的近地小行星，它們的扁平軌道會和地球軌道交錯。簡單的計算指出，它們大部分會在1億年內撞上地球。尺寸大於1公里的小行星在撞上地球時，產生的能量會高到嚴重破壞地球的生態系統，可能使大部分的陸地物種滅絕。

這當然是糟透了。

小行星並不是唯一會危害地球生物的外太空天體。在海王星之外的柯伊伯帶，帶寬大約和海王星與太陽的距離相當，其中成員包括了冥王星，是一個滿布彗星的環形區域。遠在六十多年前，荷蘭裔美國天文學家柯伊伯（Gerard Kuiper）就指出，在海王星軌道外頭的寒冷深空裡，藏著從太陽系形成時期殘存下來的冰質天體。由於這附近沒有大質量行星來吸收這些彗星，於是大部分彗星就靜靜的繞太陽運行了數十億年。

就如同小行星帶一樣，部分柯伊伯帶天體的軌道極扁平，並會和其他行星軌道相交。例如冥王星和同軌道的那群冥族小天體，它們較靠近太陽時軌道區會和海王星軌道交錯。另外還有一些柯伊伯帶天體的軌道會深入太陽內圍，放肆的穿過許多行星軌道；在這群天體中，最著名的是哈雷彗星。

在柯伊伯帶後方很遠的地方，大約在前往最鄰近恆星的半途上，有一個稱為歐特雲的彗星儲存庫，它呈現球形分布，名字來自首先推斷出它存在的荷蘭天文物理學家歐特（Jan Oort）。

歐特雲是長週期彗星的源頭，這類彗星的軌道週期比人類生命還要長。與柯伊伯帶彗星有別的是，歐特雲彗星可以從任何方向，以任何軌道傾角進入太陽系內圍。1990年代最明亮的海爾—波普彗星及百武彗星，都是源自歐特雲，而且在短時間內都不會再度回歸。

✷

如果你能看見磁場，那木星在天空看起來會比滿月大上10倍。要前去探索木星的太空船，都要經過特殊設計，以免受到磁場的影響。英國物理學家法拉第在1880年代證明，如果你把導線穿過磁場，導線二端會產生電位差。就因為這個原因，高速移動的金屬太空探測器內部會有感應電流。這些感應電流會產生另一個磁場，感應磁場和環境磁場之間的交互作用，會阻礙探測器的運動。

我最後一次細數太陽系的行星有多少衛星時，總共找到56顆。然後我有一天早晨醒來，聽報導說在木星的周圍又找到十多顆衛星。經過這件事之後，我決定不再管太陽系有多少顆衛星。目前我在乎的是，它們有哪些是值得一遊而且值得研究的。從某些方面來看，太陽系的衛星其實遠比它們環繞的行星要有趣多了。

*　**

地球的衛星是月球，月球的直徑大約是太陽的1/400，不過它與地球的距離，大約也是它和太陽距離的1/400，也因此太陽和月亮在天空中看起來差不多大。這種在太陽系行星衛星系統裡的巧合特例，為我們帶來了適合拍照，美麗且獨特的日全食景觀。此外，地球也以引潮力鎖定月亮，使它的自轉和繞地球公轉有相同週期。只要受到潮汐鎖定，衛星就會永遠以同一面朝向母行星。

木星系統的衛星中，怪咖特別多；例如最靠近木星的木衛一，除了受到潮汐鎖定，它的結構也受到木星和其他衛星的搓揉，這個小球體因此接收到的熱量，多到讓內部的岩石也融化了，使得木衛一成為太陽系火山活動最劇烈的天體。

木星的另一顆衛星木衛二，還有一個名稱叫做歐羅巴（Europa），木衛二上面有大量的水，它的受熱機制跟木衛一一樣，因此木衛二上融化了大量表面下的冰，在冰殼下形成廣袤的海洋。如果有所謂尋找太陽系生命第二好的地點，就會是這個地方。有一位藝術家同僚曾問過我，在木衛二找到的外星生命，是否該叫做歐洲人（European）。在沒有更好的答案之下，我只能說是。

冥王星最大的衛星是冥衛一，它很大而且很靠近冥王星，使得冥王星及冥衛一彼此潮汐互鎖，兩者的自轉和公轉週期都相同。我們稱這種現象為雙重潮汐鎖定，簡單的說，狀況就像糾纏在一起還沒被裁判分開的兩個摔跤選手。

依循慣例，衛星的英文名字是以希臘神話的主神（羅馬神話主神的對應神祇）為名，而行星則是用羅馬神話的神祇來命名。神話裡的神祇，社交生活都頗複雜，因此可用的名字從不虞匱乏。衛星的名稱當中，唯一的例外是天王星的衛星，它們以英國文學中的角色為名。

在肉眼輕易可見的行星都由人發現了之後，英國天文學家赫歇耳是找到新行星的第一人。他是忠誠的大英帝國臣民，所以打算用英國國王的名字來為行星命名，如果一切如他所願，行星名單會像這樣：水星、金星、地球、火星、木星、土星和喬治之星。幸好，最後是頭腦較清楚的一方勝出，數年後這顆行星終於依循傳統，重新命名為天王星。

不過赫歇耳建議以莎士比亞的劇中人物及詩人波普（Alexander Pope）詩中的人物，為衛星命名的建議，則保留了下來並沿用至今。天王星有27顆衛星，以這個規則命名的有：

天衛一：艾瑞爾（Ariel），《暴風雨》劇中精靈的名字。

天衛二：烏姆柏里厄爾（Umbriel），波普詩作〈秀髮劫〉中的人物。

天衛五：米蘭達（Miranda），《暴風雪》中魔術師的女兒。

天衛六：寇蒂莉亞（Cordelia），《李爾王》中，國王最小的女兒。

天衛七：歐菲莉亞（Ophelia），《哈姆雷特》中的女主角。

天衛十：苔絲狄夢娜（Desdemona），《奧賽羅》中奧賽羅的妻子。

天衛十一：茱麗葉（Juliet），《羅蜜歐與茱麗葉》中的女主角。

天衛十二：波西亞（Portia），《威尼斯商人》中的女主角。

天衛十五：帕克（Puck），《仲夏夜之夢》中精靈的名字。

太陽表面每秒會散失超過1百萬噸的質量，而形成的物質流稱為太陽風，太陽風主要的成分是帶電的高能粒子。太陽風粒子時速最高可達1千公里，粒子以這種高速向外泛流成群穿過太空，只有遇到行星磁場時才會轉向。

太陽風的部分粒子以螺旋軌跡掉向行星的磁北極和磁南極時，會撞擊氣體分子，激發大氣發出多彩多姿的極光。哈伯太空望遠鏡已在土星及木星的極區發現極光，而出現在地球上的北極光及南極光，時不時的提醒我們：有大氣層的保護真好。

我們通常說，地球的大氣層從地球表面向上延伸數十公里。而低軌道上的衛星，在100公里到400公里高的軌道上，大約90分鐘會繞地球一圈。你雖然無法在這種高度呼吸，不過這個區域仍有不少大氣分子存在，摩擦力已足以讓衛星慢慢失去軌道能量而下墜。為了要對抗這種阻力，低軌道的衛星偶爾要重新提升軌道高度，免得掉回地球，焚毀在大氣中。

大氣層邊界的另一種定義為：「地球氣體分子的壓力」和「行星際氣體分子壓力」相等之處。根據這種定義，地球大氣層的範圍有數千公里。在這個高度上方的36,800公里處（大約是地球與月亮距離的1/10），是通訊衛星的國度。在這個特殊的高度，地球大氣的影響無關緊要，衛星的速率也很低，並且恰好和地球的自轉速率相同，所以衛星每天剛好繞地球一圈。相對於地面，這種衛星看似一直飄浮在正上空，是理想的訊號中繼站，能為地表不同的區域轉傳訊號。

✴

牛頓重力定律指出，雖然你若距離行星愈遠，受到行星重力的影響也愈弱，但這個影響並不會降到零。木星用它強大的重力場，把很多原先會在太陽系內圍造成重大破壞的彗星趕開。所以對地球而言，木星就像重力盾牌，也像在保護地球的粗壯大哥，讓地球享有長達億年，相對平安和寧靜的時期。如果沒有木星提供的保護，地球生命除了很難演化成更有趣的複雜生命，也會活在可能受到致命撞擊而滅絕的危險環境中。

我們一直在利用行星的重力場為太空探測船提供能量。就以前往探索土星的卡西尼號探測船為例，它受到許多行星的重力協航，其中金星兩次、地球（由金星返回時）和木星各一次。探測船在多顆行星間輾轉飛航，以酷似撞球檯上撞球的路徑行進，是很常見的操作方式。如果不這樣，火箭提供的飛行速率和能量，不足以讓我們的小探測船前往目的地。

我現在對太陽系的行星際碎片有些許責任了。2000年11月，由李維（David Levy）和舒梅克（Carolyn Shoemaker）發現的主帶小行星1994KA，後來命名為「13123–泰森」來向我致敬。我雖然享有這個殊榮，但其實也沒有什麼好自大的，因為還有許多類似的小行星，以喬笛、哈洛特和湯瑪斯等常見的名字命名。還有一些小行星的名字叫梅林、龐德和聖誕老人。

目前發現的小行星，數量已將近數十萬顆，可能很快就會對我們命名的能力產生挑戰。不管這種時日是否會來臨，我覺得相當欣慰的是，以我命名的那個宇宙碎片在行星間遊蕩時，並非孤苦無依，而是有一大堆以真人和虛構人物為名的其他天體為伴。

此刻讓我更高興的是，我的小行星並沒有直衝地球而來。

Bootes
Serpens Caput
Corvus
Lunx
Ursa Minor
Corona Borealis
Camelopardalis
Cepheus
Perseus
Libra
Ophiuchus
Hydra
Vela
Lupus
Norma
Crux
Carina
Puppis
Hercules
Circinus
Centaurus
Lyra
Musca
Triangulum Australe
Taurus
Cassiopeia
Serpens Cauda
Sagittarius
Scorpius
Chaemeleon
Cygnus
Aquila
Ara
Octans
Lepus
Scutum
Dorado
Lacerta
Delphinus
Telescopium
Apus
Columba
Equuleus
Capricornus
Indus
Hydrus
Orion
Corona Australis
Volans
Aquarius
Aries
Tucana
Pegasus
Pavo
Pisces Australia
Pictor
Reticulum
Pisces
Sculptor
Cetus
Serpens Cauda
Grus
Phoenix
Norma
Ursa Major
Leo Mi
Telescopium
Leo
Auriga
Crux
Ursa Major
Canes Venatici
Coma Berenices
Leo Minor
Crater
Cancer
Lunx
Virgo
Canis Minor
Draco
Bootes
Serpens Caput
Corvus
Lunx

11.
從外太空看地球

若在地球的兩個定點之間旅行，不管你是偏好快跑、游泳、走路還是爬行，你都能見到無以數計的事物。你或許會看到鑲在峽谷絕壁上的粉紅色石灰岩脈、在玫瑰枝頭啃食蚜蟲的瓢蟲、從沙裡伸出的蛤殼……而不論是什麼，你只管看就是了。

然而，如果你從爬升的噴射客機窗戶看出去，地表的細節很快就會消失無蹤：沒蚜蟲開胃小品、沒引人好奇的蛤蜊殼……飛機抵達約11公里的巡航高度時，就連要辨認地表的主要道路都頗困難。

而隨著你向太空攀升，地表的結構也持續從你眼中一一消失。從400公里高軌道的國際太空站觀景窗往外看，白天時，你或許能認出巴黎、倫敦、紐約和洛杉磯這些大都會，不過這是因為你在學校地理課時，學過它們的相對位置。然而在夜間時，它們綿延廣闊的大片都市燈火會變得非常醒目。

在白天，有別於傳言，你應該看不到埃及吉薩高原的大金字塔群，見不到中國的萬里長城；它們很難辨認，部分原因是它們大多由取自四周環境的土壤和石材來建造。此外，雖然長城綿延數千公里，但是寬度只有6公尺左右，比在國際線飛機上勉強可見的美國州際公路要窄很多。

在國際太空站的軌道上，用肉眼可以看到的，是第一次波斯灣戰爭末期由科威特油田大火揚起的煙塵，還有2011年9月11日紐約市世界貿易大樓大火產生的煙塵。你也會注意到灌溉地帶和乾旱地帶，所特有的綠色和棕色交界。從數百公里高空，人類肉眼能看到的人為景觀大約就是這些而已。不過，你倒是可以看到不少自然景觀，例如墨西哥灣的颶風、北大西洋的浮冰和偶爾發生的火山爆發。

但是從38萬公里外的月球看過來，紐約、巴黎和其他地球大都會的都市燈火，至多只是小亮斑而已。不過你從住宿的月球小棧，仍然可以看到在地表推移的大型天氣鋒面。

地球與火星的最近距離約5千6百萬公里遠，

你在火星上可以用架在後院的望遠鏡，看到地球上有厚重白雪覆蓋的大型山脈和大陸邊緣。如果你進一步移居到48億公里之外的海王星上（以宇宙的尺度來說，這只是搬了一個街區的距離），太陽的亮度會下降為千分之一，而太陽遮住的天空，也只有地球上看到的千分之一而已。

那火星上看到的地球又如何？它只是亮度和暗星差不多的小光斑，完全淹沒在太陽的炫光裡。

航海家1號太空船在1990年從海王星軌道外緣拍攝的著名照片，證實了從深空看過來，地球其實很不起眼，美國天文物理學家薩根（Carl Sagan）說，看起來地球只是一個淡藍小點。但這樣說還算客氣了，如果不是特地加上說明，你根本不會知道地球就在照片裡。

如果在非常遙遠的地方住了一群非常聰慧的外星人。假如他們使用天生具有的超級視覺器官並借助最先進的光學設備巡視天空，他們會注意到什麼？他們所見的地球，最突出的特徵會是什麼？

他們首先會注意到的可能是泛藍的色澤，同時這也是地球最重要的特徵。因為水覆蓋了三分之二的地球表面，而單是太平洋就占了將近半面的地球。任何擁有適當設備和專業知識的智慧生物，在偵測到地球的色澤之後，一定能推斷出地球有水這種宇宙含量第三多的分子。

如果他們的設備解析度夠高，外星人看到的地球不會只是個淡藍小點，他們會見到蜿蜒的海岸線，由此推斷出地球有液態水。而聰明的外星人必然也知道，如果行星有液態水，那麼這顆行星的溫度和氣壓必然會落在特定範圍內。

地球鮮明的極區冰冠，會因季節溫度的變化而有消長，這也是在可見光波段不難分辨的特徵。此外，外星人也可以找出地球每24小時自轉一圈，因為可辨識的陸地會非常規律旋入他們的視野。外星人也會見到大型的天氣系統起起落落；經過仔細分析後，他們不難分辨出哪些是地球大氣雲層產生的特徵，哪些是由地表造成的特徵。

讓我們在此做一些盤點。最鄰近我們的系外行星（指繞行其他恆星的行星），位在距離我們約4光年遠的南門二星系統內，要從南半球才見得到。而人類目前已發現的系外行星與地球的距離，大多在數十光年到數百光年之間。

因為地球的亮度不到太陽的1兆分之1，而且非常靠近太陽，所以外星人很難用可見光望遠鏡直接看到地球。這項工作很類似要在超級亮的探照燈附近找螢火蟲。因此，如果外星人能找到地球，他們進行尋找的波段很可能不是可見光，而是紅外光。因為在紅外光波段，地球跟太陽的亮度差異要小一些。不過，外星人工程師也可能採取其他的搜尋策略。

或許他們使用的方法，和我們的系外行星獵人經常採用的方法雷同：監控恆星，看它是否出現規律的晃動。恆星規律性的晃動，會洩露它周圍有繞著它運行，但可能太暗而無法直接看到的行星。

與大多數人想法相違的是，行星其實並不是繞著母星運行，而是行星和母星都繞著它們的共同質量中心打轉。行星的質量愈大，恆星晃動的幅度就愈大，進行母星星光分析，取得晃動資訊的工作也愈容易。不過對想搜尋行星的外星人來說，因為地球的質量這麼的小，所以太陽幾乎不會晃動，找地球對外星人工程師來說，會是很大的挑戰。

＊　＊＊

美國航太總署克卜勒太空望遠鏡的設計和優化，都是為了尋找類太陽恆星周圍的地球型行星，而它用了不同的偵測法，找到了非常大量的系外行星。克卜勒望遠鏡找的是在視線方向，總亮度上有規律微小下降的恆星，會出現這種現象都是因為有行星在淩越母星。不過用這種方法，我們看不到行星，也看不到恆星表面的任何特徵。

克卜勒望遠鏡只是很單純的量測恆星在總亮度上的變化，但至今也找到數千顆系外行星，其中包括數百個多行星系統。從變光數據上，我們也可以推算出系外行星的大小、軌道週期和它與母星的距離。此外，也可以對行星的質量做出合理的估計。

如果你想知道從銀河系的某些位置看過來，地球轉到太陽前方時看到的景觀會是什麼，那就是：地球會遮住1/10,000的太陽表面，所以和正常亮度比起來，太陽亮度會短暫下降1/10,000。在這種情況下，外星人可以推斷有地球這種行星存在，但是對發生在地球表面的各種現象，則一無所知。

用無線電波和微波來偵測地球或許也是可行的方法，假使在傾聽我們的外星人，有像中國貴州省的500公尺口徑無線電波望遠鏡這類設備。如果他們真的有，而且偵測頻率也正確的話，他們一定會注意到地球，或者這樣說，他們會注意到擁有現代文明的地球是天空中最明亮的輻射源之一。

地球上有各式各樣的無線電波和微波輻射裝置，除了傳統的廣播電臺，還有電視臺、手機、微波爐、車庫開關器、汽車遙控器、商用雷達、軍事雷達和通訊衛星。地球在長波長波段的亮度，看起來就像著了火一般，這強烈指出，此處發生了極不尋常的事件，因為岩質小型行星在自然狀態時，基本上不會發出任何無線電訊號。

所以如果意在傾聽的外星人把無線電望遠鏡指向我們，或許會推斷出地球上有科技文明。麻煩的是，他們也可能做出其他解釋。或許他們無法分辨地球的訊號和太陽系其他較大行星的差別，因為這些較大的行星都是相當強的無線電波源，其中以木星為最。

他們或許會做出，地球是奇特新種類的強無線電輻射行星的結論。也或許他們無法把地球和太陽的訊號分開來，迫使他們認定，太陽是怪異的新形態超強無線電輻射恆星。

地球上的天文物理學家就曾給類似的事件絆倒過。在1967年，英國劍橋大學的修維胥（Antony Hewish）和他的團隊正使用無線電望遠鏡，巡天尋找無線電輻射源。當時負責進行觀測的研究生貝爾（Jocelyn Bell），首先發現他們偵測到一種怪異天體：它會發出脈動訊號，而且訊號重復的週期只比1秒稍長一點。

很快的，貝爾的團隊成員確認了脈衝來自太空深處。他們認為這種訊息源自科技文明，是外星人針對我們發射出的訊號。貝爾回憶說：「我們沒有證據可以說，這個訊號是源自大自然輻射源……我當時正在使用新科技進行博士論文研究，而某個愚蠢的小綠人族群，卻特地挑選我所在的方位和頻率，來和人類聯繫。」[+]不過，緊接著在數天內，她又找到數個來自銀河系其他位置的週期性訊號。

+ 摘自Jocelyn Bell, *Annals of the New York Academy of Sciences* 302（1977）：685.

貝爾和同僚才終於意識到，他們找到的是新型態的天體，一種完全由中子組成，轉動時會發出脈衝訊號的天體。修維胥和貝爾很明智的把它們命名為「脈衝星」。

人們後來發現，攔截無線電波並不是偷窺外星人隱私的唯一辦法，另一個可能管道是進行宇宙化學研究。以化學方法對行星大氣進行分析，最近已變成現代天文物理學的活躍分支。你或許也猜到了，宇宙化學非常倚靠光譜儀。利用光譜學家的工具和技術，宇宙化學家有能力推斷系外行星上是否有生命，不管這種生命是否有知覺、智慧或科技。

這種方法之所以可行，是因為每一種元素或分子，不管它在宇宙何處，都會以獨特方式吸收、輻射、反射和散射光。如先前討論過的，讓光通過光譜儀，你就會發現稱為化學指紋的獨有特徵。最明顯的化學指紋，來自在該處環境壓力與溫度條件下，受到最大激發的化合物。在行星大氣中，這種化學指紋比比皆是。舉例來說，如果行星上到處都是植物和動物，它的大氣中就會富含生物標記，也就是會出現生命的光譜證據。不管這種標記是由生物產生的、人為的或由科技產生的，全將無所遁形。

巡視天空的外星人，除非生來就有內建的光譜偵測器官，不然還是要建造光譜儀來解讀我們的生物標記。但最重要的是，地球要運行到太陽或其他輻射源前方，讓光通過我們的大氣，再傳到外星人偵測器裡。只有這樣，光才有機會和地球大氣裡的化合物交互作用，讓生命指紋烙印上去。

像氨、二氧化碳和水這些分子，宇宙中本來就到處都是，有沒有生命在製造都一樣。不過有一些分子，在有生命活動的環境中會特別多。另一種很容易偵測的生物標記，是地球大氣中一直存在的甲烷；其中三分之二的甲烷來自人類相關的活動，諸如燃料油生產、稻米種植、汙水排放，以及家畜打嗝和放屁；自然的排放源則只占了三分之一，主要來自溼地的植被分解和白蟻所排放。

不過在缺乏自由氧的環境裡，甲烷的生成不一定要靠生物。在我寫這本書的同時，天文生物學家正在爭論火星上的微量甲烷和土衛六上的大量甲烷是怎麼來的，因為這兩個天體上應該沒有牛隻和白蟻。

如果外星人在地球繞太陽公轉時監控地球夜面，他們會注意到大氣中的鈉含量突然飇高，這是因為人類廣泛使用鈉蒸氣街燈來當夜間照明，而都市和郊區的街燈大多在傍晚時分打開的緣故。然而在所有生物標記中，最有說服力的會是我們環境中占大氣成分五分之一的自由氧。

氧是排在氫和氦之後，宇宙含量第三多的元素。不過它在化學上很活躍，很容易和氫原子、碳、氮、矽、硫、鐵及其他元素結合。所以要看到穩定含量的自由氧存在，一定要有產生機制，以補償它的消耗。在地球上，氧的產生機制通常和生命有關。例如植物和許多菌類進行光合作用，會替海洋和大氣帶來大量的自由氧。而因為有自由氧，人類和幾乎所有代謝氧的動物才得以存在。

身為地球人的我們，深知地球獨特化學指紋的意含。但是遠方的外星人，就必須自行解譯他們的發現和測試他們的假設。週期性飆高的鈉含量是源自科技嗎？自由氧很明確是由生物產生的，但甲烷呢？甲烷的化學性質不穩定，沒錯，部分的甲烷來自人類活動，但也有部分是來自非生物源。

如果外星人認為地球的化學特徵是生命存在的證據，或許他們會想知道這種生命是否具有智慧。假如外星人會彼此進行通訊，他們或許會假設其他形態的智慧生物也進行通訊。這時或許他們會決定要用他們的無線電望遠鏡來監聽地球，看地球的住民有使用哪個電磁波段的能力。在外星人以化學方法或無線電波偵測過我們之後，他們或許會做出相同的結論：這顆行星上住著具有先進科技能力的智慧生物，他們除了忙著發現宇宙如何運作，也會運用所知的定律，來增進個人和全體的福祉。

如果外星人進一步分析地球大氣的化學指紋，會發現歸因於人類的生物標記，還包括硫酸、碳酸和硝酸及其他由燃燒石化燃料產生的霧霾成分。如果好奇的外星人在社會、文化和科技上都比人類先進，他們一定會認為這是地球上沒有智慧生物的明確證據。

✷

首顆系外行星發現於1995年，而在我寫這本書時，人類在太陽系周圍的小範圍銀河系空間裡，就發現了超過3千顆的系外行星。所以，系外行星的數量應該非常多。畢竟我們銀河系就有超過1千億顆恆星，而已知宇宙裡的星系總數，更高達數千億個。

我們尋找宇宙生命的工作，驅使我們去搜尋系外行星，其中有些行星的大致特性和地球相近，雖然細部特性稍有差異。根據現有的系外行星數據做的最新外差估計指出，單單在我們銀河系裡，可能就有多達400億顆地球型行星。而我們的後裔不管基於好奇或必要，未來都有可能想去造訪這些行星。

12.
為什麼要有宇宙觀

在人類培育的所有科學中，
天文學無疑是公認最崇高、
最有趣和最有用的。
因為從這門科學獲得的知識，
不但導至地球本身的發現……
而且我們的能力，
也因為它傳達的宏偉觀念而獲得放大，
我們的思想也因此得以高翔在低下的狹隘偏見之上。

——弗格森（1757）✢

✢ 摘自 James Ferguson, *Astronomy Explained Upon Sir Isaac Newton's Principles, And Made Easy To Those Who Have Not Studied Mathematics*（London, 1757）

遠在任何人知道宇宙有起點之前，在我們知道最鄰近的大星系距離地球有2百萬光年之前，在我們知道恆星如何運作或原子存在之前，弗格森對他最鍾愛的科學所寫的熱情洋溢引介，就已正確無誤了。他的話，除了帶有十八世紀慣有的誇飾，內容根本像是昨天剛寫下的。

但是誰能這樣想？誰能以這種宇宙觀來過生活？不會是農場的移工，也不會是血汗工廠的工人，更不會是無家可歸要在垃圾桶裡覓食的人。想要如此，你必須是生活頗有餘裕，不用隨時擔心生計問題的人。你所在的國家，政府要重視了解人類在宇宙中位階的研究，你所在的社會，對智力的追求要能把你帶到發現的前沿，而且你的重要發現，會是社會上廣為流傳的消息。依這些判斷標準來說，工業化國家的公民大多達標了。

不過，宇宙觀也有看不見的代價。當我風塵僕僕跋涉千里，只為在日全食期間，短暫沐浴在飛掠而過的月亮影子裡之時，我偶爾會忘了近在眼前的地球。

當我思索和省思我們的膨脹宇宙，以及鑲在永遠在擴張中的四維時空結構上的星系，如何高速彼此遠離之時，有時我會全然忘了地球上有難以數計的人，衣食無著流連失所，其中有很高比例是無助的孩童。

當我檢視神祕的暗物質和暗能量存在於宇宙各處的跡證數據之時，我時常忘了在短短的一天二十四小時期間，許多人以神之名或以政治信條之所需，彼此殺戮掠奪。

當我追蹤小行星、彗星和行星的運行之時，常沉迷於它們在重力牽引下進行的宇宙芭蕾轉圈舞，渾然忘了有太多人正在肆意破壞球大氣、海洋和陸地的脆弱平衡，而我們的子孫將以他們的健康和福祉，來見證和償還大自然受的傷害。

我有時也會忘了，位高權重的掌權者鮮少盡責去幫助無法自理的弱勢族群。

我偶爾會忘了這些慘事，因為不管在我們心中、腦中和地圖上的世界有多廣袤，宇宙永遠更為遼闊。對某些人來說，這個事實令人沮喪，但是對我來說，卻極為舒壓。

想想，在照料因為牛奶灑出來、玩具破損、膝蓋擦傷而身心受創的孩子時，大人會怎麼做。我們大人知道，小孩的認知有限，還沒辦法明白，這些事件根本不算什麼大問題。孩子還不曉得，這世界不是繞著他們轉的。

身為成年人，我們是否也敢承認，我們的觀點不成熟？我們是否敢承認我們的想法和行為，源自我們相信我們是這個世界的主人？很明顯的，我們不敢，而且證據隨處可見。如果我們去解析種族、民族、信仰、國家和文化的衝突，會發現這全都是人類的自我在作祟。

現在請想像有這樣一個世界：每個人，尤其是影響力強大的上位者，對人類在宇宙的位階都非常清楚。在這個觀點下，我們面對的問題相形見小，甚至很多問題再也不是問題，我們就可以笑看我們的歧異，避免重蹈我們先祖因這些歧見而互相殘殺的悲劇。

✶ ✶✶

2000年1月，全新重建的海頓天文館推出了名稱為「宇宙護照之旅」✝的太空劇展，讓參觀者進行一場從紐約市到宇宙邊緣的視覺之旅。旅程中，參觀者先看到地球，接著是太陽系，然後是我們擁有1千億顆恆星的銀河系，隨後看到的景象，是這些天體一個個在天文館圓頂上，縮成幾乎看不到的小光點。

開展後不到一個月，我收到某長春藤大學心理

✝「宇宙護照之旅」的劇本是由德魯彥（Ann Druyan）和索特（Steven Soter）合寫的。他們也合寫了2014年福斯電視臺由我本人主持的「宇宙的時空之旅」影集的劇本。除此之外，他們也曾和薩根（Carl Sagan）合作，共同編寫1980年美國公共電視臺的「宇宙」影集。

學教授的來信。這位教授專門研究會讓人自覺渺小的題目，我以前並不知道有這種科學領域。他希望能在參觀者進行「宇宙護照之旅」的之前和之後，各做一次問卷調查，量化他們在看展後的沮喪程度。他說「宇宙護照之旅」引起的渺小無助感，是他感受過最厲害的。

這怎麼可能！我每次觀賞太空劇（包括我們製作的其他劇展），都覺得活力充沛、精神煥發，並跟宇宙連成一體。此外，我甚至還覺得信心大增，因為我知道，在人類一公斤多重的腦子裡發生的活動，就能讓我們了解我們在宇宙的位階。

讓我這麼說，誤解大自然的是這位教授而不是我。他的自我膨脹到龐大無匹，最大原因是受到「人類是宇宙至高無上物種」的妄想和假設的推波助瀾。

我也得為這傢伙說句公道話，他只是我們社會裡人定勝天思維的受害者。當年的我也不例外，直至有一天我在生物課學到：在我們每公分結腸裡活動的菌類，數量比地球上生活過的人類還要多。這種資訊讓我們得好好省思，到底誰才是這個世界真正的老大。

從那天起，我目光中的人類不再是時間與空間的主人，而是宇宙存在之鏈的參與者和其中一環。我們和已滅絕及目前還存在的物種，在基因上有直接連結，而且可一直回溯到將近四十億年前，地球上最早的單細胞生物上。

我知道你一定在心裡嘀咕：我們可比細菌聰明多了。

這倒用不著辯論，我們真的比曾在地球上步行、爬行和滑行的任何生物都聰明。不過，我們到底有多聰明？我們會煮食、寫詩、創作音樂與藝術，以及進行科學研究。我們的數學也很強。縱使你的數學其實不怎麼好，但你絕對比最聰慧、基因和我們只有一點點差異的黑猩猩，要好非常多。因為不管靈長類動物學家怎麼努力，黑猩猩就是對長除法和三角學沒轍。

如果我們和猿猴之間的微小基因差異，就能造成這麼大的智慧差異，那麼或許這種智慧差異，其實並不如我們想像的大。

讓我們想像宇宙中有一種生命形態，他們的智力和我們的差異，跟人類和黑猩猩之間的差異相當。對這樣的物種來說，人類最高的腦力成就是微不足道的。當我們的幼兒還在看「芝麻街」節目學ABC時，他們的幼兒已經在看「布耳大道」節目學多變量微積分[+]。我們推導出的最複雜定理、最深沉的哲學、最富創造力的驚世傑作，只是他們學童從學校帶回家，貼在冰箱門上的習作。

不過這個物種應該對霍金比較有興趣，因為他

+ 布耳代數是數學的分支，由十八世紀的英國數學家布耳（George Boole）發明的，專門探討真和偽（常用1和0來代表）的邏輯運算，是我們現代電腦的數學基礎。

比其他人都要聰明一些（霍金目前是劍橋大學的講座，當年牛頓也曾擔任過這個講座的教授）。為什麼呢？因為霍金能在腦子裡進行理論天文物理學和其他科學的計算，跟外星人家裡剛從幼兒園放學回來的小不點一樣。

假如我們和動物界最接近我們的親戚，真有重大的基因差異，那我們倒可以相信我們真的很卓越，也可以宣稱我們的智力很獨特，並且遠超出其他生物。不過並沒有這種重大的基因差異存在，所以我們只是大自然的一份子，位階並非最高也非最低，而是夾在中間。

你還需要更多的自我柔軟精嗎？且讓我們來做一些數量、大小和尺度的簡單比較。

就拿水來說，它是很單純、常見和重要的物質。250 CC水杯裡的水分子個數，就比全球海洋的水可以倒出的杯量要多。每一杯經過人體的水，最後都會重新回到水循環系統裡，如果把水杯內的水分子，分到世界上的每一杯水裡，每一杯都可以分到1,500個水分子。因此無可避免的，你剛喝下水，有部分就曾經流過蘇格拉底、成吉斯汗和聖女貞德的腎臟。

空氣又如何呢？空氣也是很重要的物質。你每次吸入肺部的空氣分子數量，比地球大氣層能提供的吸氣次數要多。這也就是說，你剛剛吸入的空氣裡，就含有曾經通過拿破倫、貝多芬、林肯和西部傳奇人物比利小子肺部的空氣分子。

在宇宙中，恆星的數量多於任何沙灘上的沙粒數，多於地球形成以後的秒數，多於所有曾經由人類說過的話和發出的聲音。

想要檢視過去嗎？我們逐漸開展的宇宙觀將為你帶路。星光從宇宙的深處起程然後傳到地球的天文臺，需要的時間長短不一，所以我們看到的天體和現象，不是它們現在的情況而是過去的模樣。也就是說，宇宙像龐大的時光機器，你看得愈遠，回溯的時間愈長，並且可以一直回溯到時間的起點附近。而在這個推算範圍裡，我們可看到宇宙的演化完整的攤在眼前。

想知道組成你我的成分是什麼嗎？宇宙觀會再次給你出乎意外的宏大答案。宇宙中的化學元素，是由大質量恆星鍛造出來的，然後恆星以巨大爆炸結束生命時，會把我們稱為生命軍火庫的元素散播到寄主星系裡。結果就是造就了宇宙中最常見的4種高化學活性元素（氫、氧、碳和氮），而它們也是地球上最常見的生命元素。其中，碳更是生物化學最重要的基礎元素。

所以我們不是只單純的活在宇宙裡，宇宙其實也活在我們身體裡。

話雖如此，但我們卻可能並非起源於地球。研究人員在仔細斟酌數個方向的研究後，不得不重新衡量我們到底是誰，和我們到底從何而來。首先，電腦模擬證明當大型小行星撞擊行星時，周邊的區域對撞擊的反彈，會把岩石拋飛到太空中。岩石在太空中到處遊蕩時，可能會降落在其他行星上。其次，微生物的生命力強韌。地球上的嗜極端生物，在極端溫度、壓力和外太空旅行的輻射環境中，都能活下來。所以，如果遭撞擊的行星上有生命，它拋出的岩石或許就有微生物藏在裡頭。再來，最近的研究指出，太陽系形成不久後，火星比地球更早發展出潮溼，甚至可能適合生命滋長的環境。

整體來說，這些發現意味著生命可能先起源於火星，後來再以稱為胚種散播的過程在地球上生根。也因此，地球人有可能是火星人的後裔。

*

在人類歷史中，宇宙的新發現曾一再調降我們的位階。起初我們設想地球是宇宙獨一無二的天體，直到天文學家發現，地球只是繞行太陽的行星之一。接著我們認為，太陽是宇宙最重要的天體，直到我們發現，夜空中有無以數計像太陽這樣的恆星。後來我們也曾假定，我們的銀河系就是整個已知的宇宙，直到觀測指出，天空中數量繁多的雲霧狀天體，其實是散布在我們所知宇宙各處的星系。

現在，我們又很輕率的假定：宇宙只有一個。然而新興的現代宇宙學理論，以及過往「絕無僅有理論」一再被推翻的事實，一切都在告訴我們，或許我們該準備接受，對人類追求獨特心理的最新一擊：多重宇宙的可能性。

✳ ✳✳

宇宙觀源自基本知識。不過它指的不僅是你的所知，還包括運用智慧和洞察力及知識，去評估我們在宇宙中的地位。宇宙觀的屬性其實非常明確：

★ 宇宙觀來自科學的前沿，但它不是由科學家獨享，而是由全民共有。
★ 宇宙觀是謙遜的。
★ 宇宙觀是靈性的，甚至是救贖性的，但不是宗教性的。

★ 宇宙觀讓我們能以相同的思維，理解各種大小事物。

★ 宇宙觀讓我們對不尋常的想法保持開放的心胸，但也不是讓我們腦袋空空，無選擇的一切照單全收。

★ 宇宙觀開啟我們的宇宙視野，但我們要知道，宇宙並不是滋長生命的仁慈搖籃，而是冰冷孤單而且危險的地方，所以我們更應該彼此友愛。

★ 宇宙觀指出，地球是微不足道的天體，不過卻是目前我們彌足珍貴的唯一家園。

★ 宇宙觀讓我們在欣賞行星、衛星、恆星和星雲美麗影像的同時，也能歌頌造就它們的物理定律。

★ 宇宙觀讓我們能看到超越現實環境的世界，不再受到尋求食物、住所和性愛的原始本能之束縛。

★ 宇宙觀提醒我們，在沒有空氣的太空中，旗幟不會飄揚，而這或許也在提醒我們，強烈的國家意識和太空探險並不相容。

★ 宇宙觀不只要我們正視，我們和地球上其他生命的基因連結，也要我們珍惜，我們和宇宙他處尚未發現的生命之化學連結，同時也要珍惜我們和宇宙在元素上的連結。

所以每個人即使沒有辦法每天，每星期至少也要有一天，思索在我們面前，到底還有什麼尚待發現的宇宙真理，或許這些真理有待聰明的思想家、精巧的實驗或創新的太空任務來為我們撥雲見日。我們也要進一步思考，這些發現將會如何改變地球上的生命。

如果缺乏這種好奇心，我們就和那些心眼不大的農民一樣，老是說只要有數畝地就滿足，不想再跨越鄉界了。如果我們先祖當初的想法也是這樣，至今我們可能還是山頂洞人，倚靠木棍和石塊捕獵維生。

在我們身為地球過客的短暫時日裡，不要放棄為自己和後代多多探險的機會。除了可享受探險的樂趣，也為了另一個很崇高的理由：當我們的宇宙知識不再增加時，我們的眼界就可能會退化到幼稚的程度，發展出危險的自我中心觀，真的以為世界是繞著自己打轉。

在這種淒涼的世界裡，握有武器、心存資源掠奪的人或國家，可能很輕易就會因為低下的偏見，發起了攻擊或戰爭。而這會是人類啟蒙運動的最後喘息……直到有遠見的新文化再次崛起，重新擁抱宇宙觀。

致謝

多年來，我都是靠《*Natural History*》雜誌的兩位文學編輯Ellen Goldensohn和Avis Lang，不辭勞苦的確認，我寫的都是事實，而且直言不諱。

我的科學編輯是普林斯頓大學的同事兼好友Robert Lupton，他在所有重要議題上，都懂得比我多。

我還要謝謝Betsy Lerner，她提出的建議，讓我的稿件增色不少。

閱讀筆記

閱讀筆記

宇宙必修課

給大忙人的天文物理學入門攻略

Astrophysics for People in a Hurry

原著 — 泰森（Neil deGrasse Tyson）
譯者 — 蘇漢宗
科學天地叢書顧問群 — 林和、牟中原、李國偉、周成功

總編輯 — 吳佩穎
編輯顧問 — 林榮崧
副總監暨責任編輯 — 林文珠
封面暨版型設計 — 江儀玲

出版者 — 遠見天下文化出版股份有限公司
創辦人 — 高希均、王力行
遠見・天下文化 事業群榮譽董事長 — 高希均
遠見・天下文化 事業群董事長 — 王力行
天下文化社長 — 王力行
天下文化總經理 — 鄧瑋羚
國際事務開發部兼版權中心總監 — 潘欣
法律顧問 — 理律法律事務所陳長文律師
著作權顧問 — 魏啟翔律師
社址 — 台北市 104 松江路 93 巷 1 號 2 樓
讀者服務專線 — 02-2662-0012 ｜ 傳真 — 02-2662-0007, 02-2662-0009
電子郵件信箱 — cwpc@cwgv.com.tw
直接郵撥帳號 —1326703-6 號 遠見天下文化出版股份有限公司

排版廠 — 立全電腦印前排版有限公司
製版廠 — 東豪印刷事業有限公司
印刷廠 — 祥峰印刷事業有限公司
裝訂廠 — 聿成裝訂股份有限公司
登記證 — 局版台業字第 2517 號
總經銷 — 大和書報圖書股份有限公司 電話／02-8990-2588
出版日期 — 2017 年 9 月 30 日第一版第 1 次印行
2024 年 5 月 20 日第一版第 11 次印行

國家圖書館出版品預行編目 (CIP) 資料

宇宙必修課：給大忙人的天文物理學入門攻略 / 泰森 (Neil deGrasse Tyson) 原著；蘇漢宗譯. -- 第一版. -- 臺北市：遠見天下文化, 2017.09
面； 公分. -- (科學天地 ; 157)
譯自 : Astrophysics for people in a hurry
ISBN 978-986-479-311-2(平裝)

1. 天體物理學 2. 宇宙

323.1 106016934

定價 — NTD300 元
書號 — BWS157
ISBN — 978-986-479-311-2
天下文化官網 — bookzone.cwgv.com.tw

天下文化
BELIEVE IN READING